KB116720

식물분류학자 허태임의

나의 초록목록

식물분류학자 허태임의
나의 초록목록

1판 1쇄 발행 2022. 7. 25.
1판 3쇄 발행 2022. 12. 26.

지은이 허태임

발행인 고세규
편집 이승환 디자인 조은아 마케팅 박인지 홍보 박은경
발행처 김영사
등록 1979년 5월 17일(제406-2003-036호)
주소 경기도 파주시 문발로 197(문발동) 우편번호 10881
전화 마케팅부 031)955-3100, 편집부 031)955-3200 | 팩스 031)955-3111

값은 뒤표지에 있습니다.
ISBN 978-89-349-4344-0 03480

홈페이지 www.gimmyoung.com 블로그 blog.naver.com/gybook
인스타그램 instagram.com/gimmyoung 이메일 bestbook@gimmyoung.com

좋은 독자가 좋은 책을 만듭니다.
김영사는 독자 여러분의 의견에 항상 귀 기울이고 있습니다.

식물분류학자
허태임의

나의 초록 목록

허태임

식물을 사랑하는 다정한 마음과
제대로 지키려는 절박함으로,
집요하게 추적하고 꼼꼼히 들여다본
풀의 기록草錄, 나무의 기록木錄

김영사

일러두기

- 이 책은 <뉴스퀘스트>에 연재했던 글을 다듬고 내용을 더하여 재구성한 것이다.
- 저작권 표기가 없는 사진은 모두 저자가 촬영했다.

가장 자연적인 것이
가장 과학적인 것임을 아는
당신께

차례

머리말: 식물과의 연애 · 8

1 —— 식물분류학자의 일상다반사

식물탐사선 · 14
봄꽃의 북진 · 22
산나물 이야기 · 34
발걸음을 붙잡는 철쭉 · 44
밤에 피는 하늘타리 · 51
가을에는 향유를 · 59
낙지다리와 쇠무릎 · 67
실체를 추적하는 식물학자들 · 77
식물수업 · 85

2 —— 초록의 전략

겨울눈, 나무의 심장 · 92
수국의 시간 · 101
여름의 싸리 · 108
천선과라는 신비한 세계 · 118
팽나무는 오래, 크게, 홀로 · 128
땅속에서 여물어가는 구근식물 · 135
귀화식물은 죄가 없다 · 143
작지만 우아한 이끼 · 153
다육식물 열풍의 뒷면 · 164
미나리와 습지의 공생 · 176
감태나무의 암그루만 사는 세상 · 184

3 —— 초록을 위하여

살아남은 모데미풀 · 192
낭독의 발견 · 199
오래된 미래, 댕강나무 · 205
울릉도 비밀의 숲 · 214
꽃 좋은 개살구 · 224
우리 모두의 석호 · 230
꼬리진달래를 아시나요 · 244
들국화는 없다 · 252
침엽수 학살 · 260
더 개발할수록 더 소멸하는 · 273

참고문헌 · 281
추천의 글 · 290

머리말

식물과의 연애

나는 식물을 공부하는 사람이다.

이 공부는 식물의 언어를 사람의 언어로 옮기는 일이라고 할 수 있다. 오래전 나는 나무토막을 현미경으로 들여다보고 그 안에 나열된 세포의 모양으로 나무의 이름을 찾아주는 일을 했었다. 이런 학문을 목재해부학이라고 하는데, 손톱만 한 나무 조각 하나로 나무가 살아온 시간을 연구하는 일이다. 내게로 온 연구 재료들은 몇백 년 전에 묻혔던 목관의 일부이기도 했고, 조선시대 실학자들이 제작한 목판의 파편이기도 했으며, 오랜 시간을 통과해온 고찰 목불의 한 귀퉁이기도 했다.

현미경을 통해 나무의 속을 들여다보는 일은 그 나무의 이름을 알아내는 것 말고도 많은 것들을 알게 해주었다. 나이테의 경계를 찬찬히 살펴보면서 그해는 무더웠는지, 비 오는 날이 많았는지, 봄은 일찍 찾아와주었는지, 겨울이 오래 머물렀는지 등을 가늠해볼 수 있었던 것이다. 나무의 내부를 들여다보는 일은 매우 짜릿한 경험이었다.

이런 일을 얼마간 하고 나니 과거가 아니라 현재의 울창한 숲을 이루고 있는 나무에게로 관심이 자연스럽게 옮아갔다. 그때부터 식물분류학을 공부하며 전국을 누비고 나무와 풀꽃을 탐닉하게 되었다. 현미경을 통해 다루었던 이 땅의 나무가 600여 종 정도였는데, 그 다섯 배나 되는 우리나라의 풀꽃들이 숲과 들판에서 나를 기다리고 있었다. 내 20대는 그렇게 식물 곁에서 식물들과 호흡을 맞추는 동안 지나갔다.

식물분류학 연구자로 살아가는 일은 늘 나를 설레게 한다. 식물분류학은 일찍이 기원전 철학자들에 의해 탄생한 학문이다. 아리스토텔레스가 500종이 넘는 동물들을 분류하여 기록한 저서 《동물론historia animalium》을 남긴 후, 그의 제자 테오프라스토스는 동물에 이어 식물을 탐구했다. 당시 의학에 속해 있던 식물 연구를 별개의 학문으로 끌어올려 그를 '식물학의 아버지'라 부르기도 한다.

식물분류학의 목적은 세상 모든 식물의 이름을 불러주고 그 식물들 사이의 관계를 밝히는 것이다. 형태학적으로 '공유형질'을 지니고, 생물학적으로 '생식적 격리'가 뒤따르는 개체들을 묶어 '종' 단위로 취급한다고 학자들은 이야기한다. 하지만 대자연에서 살아가는 식물들은 저마다의 고유성을 지니고 있어서 인간이 정한 인위적인 기준으로 식물을 구분 짓는 것이 여간 어려운 일이 아니다. 그래서 '종'과 '개체' 사이의 오묘한 거리를 재보는 일이 내게는 생의 즐거운 화두이기도 하다.

식물분류학이라는 학문이 오랜 시간에 걸쳐 깊어지는 동안 많은 예술가가 이 분야를 그들의 뮤즈로 삼았다. 특히 린네가 활동했던 18세기는 식물분류학에서 화양연화의 시대였다. 그 시절 독일의 게오르크 에레트는 식물분류학을 배경으로 식물 세밀화의 황금기를 열었다. 식물분류학에 빠졌던 괴테는 잎의 형태변이에 관한 이론을 펼쳤고, 거기에 낭만적 사유를 버무려 책으로 묶기도 했다. 노년의 괴테가 젊은 마리안네에게 은행잎과 함께 보냈던 유명한 러브레터에도 그의 식물학적 관심이 담겨 있다. 자연으로 돌아가라고 외쳤던 루소는 식물을 조우하기 위하여 그렇게 산책을 즐겼는지 모를 일이다. 철학자 루소는 식물분류학에 크게 기여한 식물학자이기도 했다. 영국의 정원 문화가 인위적인 모습을 벗고 자연을 담기 시작한 것도, 그래서 영국의 풍경식 정원 문화가 시작된 것도 18세기의 일이었다.

신기하게도 300여 년 전의 이 문화가 '플로리스트', '가드닝', '세밀화' 등의 키워드가 되어 요즘 우리나라에서 열병처럼 번지고 있다. 기원전 철학자에 의해 탄생한 식물분류학의 오랜 전통은 나에게 철학과 예술의 영역과도 다름없는데, 유행처럼 퍼져나가는 오늘의 화려한 꽃 문화가 한편으로는 반가우면서도 조금은 염려스럽다.

이것이 단시간 끓다가 마는 일이 되지 않기를, 식물이 소비와 향유만을 위한 소재로 인식되지 않기를 바라는 마음이다.

돌아보면 내 주변에는 언제나 식물이 있었다. 식물은 별다른 능력이 없는 나에게 밥벌이가 되어주기도 하고, 혼자 있기를 좋아하는 나에게 친구이자 애인이 되어주기도 했다. 그리고 때때로 흔들리는 나를 지탱해주는 힘이었다가 내 삶을 지지해주는 벗이었다가 아픈 나를 달래주는 약이 되어주기도 했다.

자연과 함께 자랐던 유년기와 식물 곁에서 보냈던 20대를 통과한 나는, 아직도 식물에 대한 물음표로 가득한 30대를 사는 중이다. 식물을 향한 내 사랑이 날마다 깊어가는 것 같아 덜컥 겁이 날 때도 있지만 그래도 나는 여전히 식물을 촘촘하게 알아가고 싶다. 왜냐하면 나는 식물과 연애하는 사람이니까.

2022년 7월

허태임

1 —— 식물분류학자의 일상다반사

식물탐사선

내비게이션이나 포털 검색으로 찾아갈 수 없는 길들을 그 누구보다 많이 알고 있다고 나는 자부한다. 이는 내세울 것 없는 내가 괜히 잘난 척하고 싶을 때 꺼내는 무기이기도 하다. 셀럽들의 방문으로 명소가 된 곳이나 지역 축제가 한창인 유명 관광지에 다녀오는 일은 내게 너무 시시하고 지루하다.

내가 다니는 그 길들은 주로 출입에 제한을 두는 곳들이다. 일부 사람들만이 드나들 수 있는 비밀의 공간들. 비무장지대와 국가보안지역(군사보호시설, 상수원보호구역 등)이 대표적이고, 산림유전자원보호구역과 국립공원과 같은 특정 보호구역도 있다. 찾아가기 힘든 서해와 남해의 수많은 무인도도 빼놓을 수 없다.

대삼부도는 다도해의 최남단인 거문도에서 동쪽 해상으로 5킬로미터 떨어진 곳에 위치한 무인도다. 행정구역상 여수시 삼산면 동도리에 속한다. 2015년, 벚꽃 개화가 여의도까지 북상했을 때 나는 급히 짐을 꾸려 대삼부도로 향하는 탐사선에 올라야 했다. 제보가 들어온 한 식물을 찾기 위해서였다.

각국의 식물학계는 특정 지역에만 자라는 식물을 '고유식물' 혹은 '특산식물'이라고 하여 따로 구분해서 극진히 보호한다. 주로 국경을 기준으로 식물의 고유성을 인위적으로 설정하여 자국의 고유식물을 연구하는 일에 열을 올린다. 저마다의 재산이자 생물주권이기 때문이다. 내가 대삼부도에서 찾아야 했던 식물은 그 당시 일본에만 서식하는 것으로 알려져 있던 일본의 고유식물 섬진달래*Rhododendron keiskei* var. *hypoglaucum*였다.

대삼부도로 향할 때만 해도 그것이 섬진달래인지 확신할 수 없었다. 섬의 절벽과 우거진 숲 사이로 꽃이 낯선 나무가 제법 보인다는 이야기가 그곳을 드나들던 낚시꾼들을 통해 흘러나온 지 몇 해나 되었다는 소식이 전부였다. 다만 낚시꾼들이 전한 식물 사진 몇 장을 근거로, 국내에 분포하는 식물은 아닐 것이라는 정도만 짐작할 수 있었다. 대삼부도를 기준으로 인근 국가인 중국과 일본에 자생하는 관련 식물들을 꼼꼼히 분석하여 비슷한 식물이 일본에 있다는 사실을 확인하고 탐사선에 몸을 실었다. 전남 고흥을 베이스캠프로 잡고 대삼부도로 나선 우리 탐사대는 홀로 여성인 나를 포함하여 국립수목원에서 식물분류를 담당하는 연구진, 해당 식물에 대한 민간 전문가, 무인도의 절벽을 파악할 암벽 로프 전문가 등 15명 정도로 구성되었다.

도착한 섬은 깎아지른 듯한 절벽이었다. 비교적 평평한 지대를 찾아 배가 무사히 접안하기까지는 꽤 오래 걸렸다. 배에서 뛰어내리듯 섬 가장자리 바위 위로 겨우 안착한 후에는 로프를 단단히 매고 암벽을 타야 했다. 암벽을 한참을 오르고 나서야 직립보행이 가능한 조붓한 길을 만날 수 있었다. 절벽에 부딪치는 파도가 사납게 느껴지는 섬이었는데, 정작 섬에 들어오니 놀랍도록 고요하고 평화로웠다. 남도의 섬이 이국적인 풍경을 자아내는 데에는 식물이 큰 역할을 한다. 난대성 수종들이 빼곡찬 섬의 숲에는 내륙에서는 쉽게 만날 수 없는 낯선 식물이 있다. 육지의 식물에 익숙한 나를 어리둥절하게 만드는 그들. 식물을 익히는 일은 언어를 학습하는 것과 크게 다르지 않아서 매일 빠짐없이 반복하지 않으면 그 이름이 자꾸 가물가물해진다. 참식나무, 후박나무, 까마귀쪽나무, 돈나무, 천선과나무… 섬 식물의 이름을 하나씩 부르며 총총히 그 길을 걸었다.

저기를 돌면 뭐가 나올까, 혼잣말을 하며 섬 모롱이를 통과하는데, 우리가 찾던 식물이 정말 거짓말처럼 활짝 꽃을 피우고 있었다. 추적탐사에서 찾고자 하는 식물을 발견했을 때의 쾌감이란! 한 발짝 떼면 절벽인 것도 잊고 좋아서 발을 동동동 굴렀다. 이 맛에 내가 초록草錄 일을 하고 연구한다.

식물 한 개체가 그곳에 뿌리내리고 산다는 것은

그 주변 둘레에 같은 식물이 여럿 함께 살고 있다는 뜻이다. 왼쪽과 오른쪽, 앞쪽과 뒤쪽을 훑어보니 군데군데 한껏 만개한 개체들이 보였다. GPS 기기로 위치를 먼저 확인하고, 야장野帳을 펼쳐 주변 환경을 꼼꼼하게 기록했다. 식물 조사용 도구를 꺼내 증거표본을 제작하기 위한 식물을 채집했고, 준비해온 알코올 집기병에 액침표본용 샘플을 채취하는 것도 잊지 않았다. 휴대전화에 담아온 일본의 유사종 사진과 기재문과 도감 설명 등을 확인하며 우리가 찾은 식물과의 형태학적 유사성을 면밀히 비교했다. 의심의 여지는 없었다. 섬진달래, 국내에서는 알려진 적 없던 일본의 고유식물이 처음 확인된 것이다. 여러 각도에서, 다양한 거리에서 섬진달래의 증명사진을 많이 찍었다. 대삼부도 전체를 샅샅이 뒤지며 표적식물인 섬진달래가 나타날 때마다 이 작업을 반복했다. 고흥의 베이스캠프를 오가며 꼬박 사흘을 매달렸다. 현장에서 내가 할 수 있는 일은 여기까지다. 연구실에서 분석해야 할 추가 연구를 생각하며 조금은 넉넉한 마음으로 주변 식물들에게 고개를 돌렸다.

식물탐사를 마치고 고흥으로 돌아가는 배 안은 흥겨웠다. 추적탐사가 성공적이기도 했거니와 선장님이 만찬을 준비해주었기 때문이다. 우리가 섬을 헤매는 동안 낚았다는 감성돔, 우럭, 참돔, 돌문어와 같은 봄 바다 제철 물고기들을 다양하게 맛볼 수 있었다. 자연을 대상으로 연구하는 이 일은 계절의 변화에 순응하는 일이기도

섬진달래. 해안가의 바닷바람을 오랜 시간 견뎌낸 탓에 키는 작은 편이고, 염분에 맞서느라 잎은 다소 두껍다. 꽃이 얼마나 좋은지 모른다.

해서 제철음식과 산지별 식재료를 풍성하게 누릴 수 있다. 이것 말고도 덤으로 얻는 것들은 많다. 이를테면 이런 이야기들 말이다.

목포 출신인 선장님은 전남대 철학과를 다녔는데 데모만 많이 하고 졸업은 못 했다며 운을 떼었다. 평생

어부로 사신 아버지의 가업을 이어받아 배꾼이 되었는데 정작 물고기는 못 잡고 요즘에는 낚시꾼들, 스킨스쿠버 동호회 회원들만 태우고 다니는 운송꾼이 되었다고 했다. 선장님을 따라왔다는 횟집 사장님은 대삼부도 이야기를 남도 특유의 방언으로 맛깔스레 설명해주었다. 해방 이후 어렵던 시절 거문도의 동도국민학교를 지키기 위해 섬 주민들이 어촌계의 재산이었던 이 섬을 학교에 넘겨 현재는 대삼부도 전체가 전라남도교육청 재산으로 등록되었다고 한다. 과거에 염소를 키우던 사람들만이 이따금씩 드나들던 섬이었고, 한때 박종철 사건으로 세상을 떠들썩하게 했던 고문경관 이근안이 이 섬에서 오랜 도피생활을 했다는 이야기도 들을 수 있었다. 탐사선에 오르지 않았다면, 식물을 찾아 헤매지 않았다면 결코 얻을 수 없었던 이야기들이다.

돌아가는 길이 아쉬웠는지 선장님은 올 때보다 훨씬 느릿하게 운항했다. 덕분에 봄의 바닷바람이 더 자세히 느껴졌다. 바람에 의해 해류가 형성되고 해류는 섬 식물들의 종자를 운반하기도 한다. 섬진달래 열매가 익는 가을에 우리나라에는 동북아시아 고기압의 영향을 받아 편서풍이 분다. 해류는 섬진달래 열매를 싣고 동쪽으로 흘러 일본 열도에 닿을 것이라는 추측을 해볼 수 있다. 일본이 오랜 세월 그들의 고유식물로 여겨온 섬진달래의 기원이 우리나라 남해안의 섬일지도 모른다는 가설을 세울 수도 있으리라. 이 가설은 현재의 DNA 분석 기술로 검증이 가능하다. 다만 해석하기까지 꽤 오랜 시간이 걸리고, 연구 설계에 따라 그 결과가 다소 상이할 수 있다는 한계도 있다. 섬진달래의 기원에 대한 연구는 현재진행형이지만, 앞으로 논의가 정립된다면 생물주권을 놓고 양국의 다툼도 커질 것이다. 한반도의 봄을 밝히는 왕벚나무가 한국에서 기원한 것인지 일본에서 기원한 것인지 오랜 시간 다퉈온 것처럼 말이다.

찾아낸 식물에 대한 분석은 연구실에서 계속 이어졌다. 식물체가 지닌 미세한 구조를 꼼꼼히 분석하기 위해서 해부 작업은 필수적이다. 잎맥이 퍼져나가는 형태는 어떠한지, 잎에 퍼져 있는 털의 모양은 별 모양인지 아니면 갈퀴 모양인지, 암술의 머리는 얼마만큼 깊이 갈라졌는지, 꽃받침의 깊이는 또 얼마나 되는지 등을 알아내기 위해 식물체를 낱낱이 분해한 후 현미경을 통해 각각의 형질을 측정하고 기록하기를 반복했다.

이러한 분석을 통해, 섬에서 찾아낸 그 식물이 이전에는 기록된 적 없던 종이라는 확신은 선명해진다. 그러면 데이터를 정리해서 A4 용지 서너 장 분량으로 논문을 엮은 후 관련 학회지에 투고하는 과정을 밟는다.

논문 발표와 함께 우리가 찾아낸 그 식물은 '섬진달래'라는 우리 이름을 얻었다.* 전에 없던 식물의 분포 여부는 논문 발표를 통해 국제적 효력이 생긴다. 우리 산의 봄을 알리는 진달래는 분홍색 꽃이 주로 한 송이씩 피지만 섬진달래는 흰색 꽃이 소복이 모여서 다발처럼 핀다. 꽃이 얼마나 좋은지 모른다. 해안가의 바닷바람을 오랜 시간 견뎌낸 탓에 키는 작은 편이고, 염분에 맞서느라 잎은 다소 두껍다. 전체적인 모양새가 정원 소재나 관상용 식물로 안성맞춤이라 충분히 산업화할 수 있는 식물이다. 일본은 관상용 식물의 품종 개발 분야에서 엄청난 강국인데, 2012년 이 식물을 국가의 보호식물로 지정했다. 일본 혼슈 지역에 약 200여 개체만이 분포하고, 일본 밖 어디에도 없는 그들의 고유식물이라는 이유에서였다.

탐사선은 이후에도 남해안 도서 지역을 몇 차례 더 항해했고, 섬진달래 수백 그루가 우리 땅에서 자라는 것을 재차 확인했다.••

• 한국의 섬진달래가 일본의 종과 분류학적으로 서로 다른 종이라는 국내외 학자들의 주장이 제기되고 있기도 하다. 일본의 섬진달래는 일본 고유종이고, 한국에서 발견된 섬진달래는 이와 다른 별개의 종일 수도 있다는 견해다.

•• 2020년 이후 섬에 드나든 탐사팀들에게 들은 바로는, 섬진달래의 존재가 알려지기가 무섭게 누군가의 불법 채취로 그간에 많은 개체가 사라졌다고 한다.

봄꽃의 북진

2021년 2월 7일 일요일

오후 2시. 경북 봉화의 최북단 작은 마을에서 두꺼운 외투 없이 밖으로 나선다. 마당가 유독 볕이 오래 머무는 자리에는 꽃다지와 쑥과 망초가 벌써 싹을 냈다. 밭둑에 바짝 붙어 자라는 물오리나무의 수꽃자루는 내 송곳니만큼 길어졌다. 산책길의 따뜻한 오후 볕이 춘분 때처럼 너그럽네, 혼자 중얼거린다. 그런데 내 마음은 이른 봄 남쪽으로부터 들려온 개화 소식에 계속 조급해진다. 식물들이 태동을 시작한 것이다. 해는 기울고 오늘 남도의 한낮 기온이 15도를 넘었다는 소식에 마음은 자꾸만 남쪽으로 기운다.

2021년 2월 15일 월요일

오전 8시. 눈이 온다. 어려서도 커서도 눈이 내리는 날은 하염없이 좋다. 하지만 그 눈이 쌓이면 상황은 달라진다. 오도 가도 못하게 길을 자꾸만 지워서 나를 난처하게 만드니까. 눈을 치우다 말고, 남도 날씨 소식에 귀가 왕팽나무 겨울눈처럼 쫑긋 선다. 남녘은 연일 온화하고, 어제와 오늘은 단비까지 내렸다고. 온기와 더불어 물기라니, 숲에서 익힌 나의 촉은 그곳의 꽃소식을 예측한다.

2021년 2월 17일 수요일

드디어 내일 올해 첫 개화를 마주할 것이다. 접선 장소는 두 곳. 첫 목적지는 거제도 최남단의 땅끝에 있는 백서향 자생지로, 내가 사는 곳에서 380킬로미터 떨어져 있다. 그다음 목적지는 전라북도 서해 변산반도에 있는 변산바람꽃 자생지인데, 경유지 거제로부터 300킬로미터쯤 된다. 계획대로 그들을 순방하는 일에 모두 성공한 후 다시 봉화까지 회귀하려면 400킬로미터를 더 달려야 한다. 그러니까 도합 1,000킬로미터가 넘는 거리. 지도 앱을 켜고 곰곰이 경로를 따져본다.

2021년 2월 18일 목요일

새벽 4시. 호기롭게 집을 나서 SUV 차량에 올라 시동을 건다. 계기판을 보니 바깥 온도는 영하 10도. 이곳에서 몇 해째 겨울을 나니 추위가 이제는 몸에 달라붙었다. 언 손에 입김을 불고 내비게이션에 목적지를 입력한다. 도착 예정 시간은 아침 8시.

어둠을 뚫고 봉화의 지방도를 빠져나와 풍기IC 톨게이트를 통과한다. 중앙고속도로에 진입한 후 한참을 남진하다 중부내륙고속도로로 갈아타 부산과 거제를 잇는 거가대교를 해가 뜰 무렵에 건넌다. 가덕도와 저도가 이 대교 밑에 나란히 있네, 하고 생각할 무렵 거제에 입도한다.

아침 7시 50분. 첫 목적지에 때맞춰 도착했다. 단출한 조사 배낭을 메고 카메라와 GPS 기기를 챙겨 서둘러 숲에 든다. 햇살이 덜 번진 숲은 바깥보다 어두웠다. 난대림의 상록수와 양치식물이 내가 와 있는 곳이 남쪽이라는 걸 알려준다. GPS 기기에서 미리 입력해둔 백서향 자생지의 좌푯값을 확인한다. 그들이 꽃을 피우고 있을 법한 지점이 가까워졌다. 이제는 나의 촉을 켜야 할 때다. 백서향이 선호하는 환경을 머릿속으로 복원해낸다. 키가 큰 상록수가 우거져서 빛을 너무 많이 차단하는 저 자리는 아니지. 성격이 도도해서 쉽게 곁을 주지 않으니 다양한 종류의 나무와 어울려 자라지는 않을 거야. 활엽수가 드문드문 섞여 있어서 낙엽층이 두툼한 저곳 어딘가에… 숲을 헤매는 사이 멀리서 참식나무 잎이 후두두 흔들린다. 바람이 불고 이내 향기가 난다. 그 향을 좇아 왼쪽으로 고개를 천천히 돌리는데, 시선이 어깨를 넘어서는 찰나에 하얀 꽃을 단 자그마한 나무 한 그루가 오롯하게 시야에 들어온다. 꽃 핀 백서향이 내 앞에서 존재를 드러낸다. ‘상서로운 향기가 난다’는 뜻의 ‘서향’•에

'백서향'은 '상서로운 향기가 나는 흰꽃'이라는 뜻이다. 겨울부터 이른 봄 사이에 꽃이 피는 팥꽃나무과 상록수로 우리나라 도서 지역의 숲에 아주 드물게 자란다. 관상 가치가 높아, 불법 채취로 많은 개체가 소실된 것으로 본다.

'하얀 꽃이 핀다'는 의미의 접두어가 붙은, 그 이름부터 이미 하얗게 향기로운 식물.

장미처럼 너무 익숙해져버린 향도 아니고, 라일락이나 백합처럼 두텁고 짙은 향도 아니고, 프리지어처럼 지나치게 경쾌한 향도 아니고, 저렴한 비누나 값비싼 향

• 서향은 원산지인 중국에서 도입된 재배식물이다. 백서향과 달리 꽃은 분홍색이다. 꽃향기가 하도 짙어 천리를 간다는 뜻에서 '천리향'이라는 이름으로 불리며 예로부터 널리 사랑받아온 동양의 식물이다. 국내에는 고려 충숙왕 시대에 들어온 것으로 보며, 우리나라를 거쳐 일본에 정착한 것으로 추정한다. 조선 초기 꽃을 기르던 선비화가 강희안은 그의 저서 《양화소록養花小錄》에서 서향을 두고 "나는 이 꽃을 얻어 매우 사랑하였다. (…) 꽃이 피자 향기가 수십 리까지 퍼졌다"고 적었다.

수는 더더욱 아닌, 은은하게 감도는 균형 잡힌 어떤 꽃향기가 초등학교 4학년 때 내 이마를 짚어주던 담임선생님의 하얗고 가녀린 팔목에서 났었다. 모든 학년이 한 학급뿐인, 전교생이 100명도 안 되던 나의 모교는 교대를 갓 졸업한 그녀가 부임한 첫 학교였다. 짧은 커트 머리에 칼라를 빳빳이 세운 하얀 셔츠와 검정색 바지가 그렇게 근사하게 어울리는 여성은 이 세상에 그녀가 유일하다고 생각했었다. 그녀가 폴폴 풍기던 그 상서롭던 냄새를 2월의 남도 숲에서 찾았다. 백서향 향기다.

백서향은 우리나라 도서 지역을 비롯하여 일본 혼슈 이남과 중국 중남부 지역과 대만 등지에 자라는 난대성 상록수이다. 난대림이 중부 이남의 일부 바닷가 지역에만 형성되는 한반도에서는 특히 더 제한적으로 분포되어 있다. 불법 채취로 상당수가 사라져버리기 이전에는 거제를 비롯하여 도서 지방의 해안가 숲에 지금보다 큰 집단을 이루며 살았을 것이다. 사철 내내 짙은 녹색 잎을 싱싱하게 달고 있는 아담한 크기의 이 상록수는 관엽식물로서의 가치가 빼어난데, 꽃이 귀한 겨울부터 이른 봄까지 새하얀 꽃을 피우고 향기마저 고우니 백서향의 경제성을 알아챈 사람들 손에 오래전부터 대거 뽑혀나간 것이다. 그래서 산림청에서는 백서향을 우리나라 희귀식물로 지정하여 보호하고, 환경부에서는 이들의 해외 반출을 엄격히 통제하고 있다. 최근 백서향 탐사 연구가 늘면서, 제주에는 비교적 많은 개체가 곶자왈 지대를 은신

제주백서향. 꽃이 크고 그 수가 많아서 마치 한 그루의 나무에 꽃다발이 우수수 달린 모양이다.

처로 삼아 대체로 건강하게 자라는 것이 확인되었다. 제주도 선흘리에 가면 제주도 기념물로 지정되어 보호받고 있는 제주백서향 군락지가 있다.

최근 식물분류학계에는 제주의 백서향을 내륙의 난대림에서 자라는 백서향과 따로 구분해서 보는 견해도 있다. 백서향의 하얀 꽃은 나팔 모양인데, 그 가늘고 긴 통부筒部에 털이 나는 것이 특징이다. 하지만 제주의 백서향은 그 자리에 털이 없고 매끈하다는 점, 또 내륙의 것은 잎이 크고 넓은 반면에 제주의 것은 잎이 훨씬 좁다는 점, 내륙에서는 해안가에 인접해서 자라지만 제주의 백서향은 비교적 중산간 지방에 자란다는 점 등을 들며 2013년 〈식물분류학회지〉를 통해 제주백서향이 새로운 종으로 발표된 것이다. 이 견해는 DNA 유전자 분석 결과가 추가로 제시되며 힘을 얻기도 했다. 제주와 거제와 일본 규슈 지방의 백서향을 대상으로 DNA 유전자를 해독해보니 거제와 일본의 백서향은 같은 구조이나 제주의 백서향은 이들과 완전히 구분되었던 것이다. 제주백서향의 고유성이 인정된다는 결과다. 하지만 이러한 집단의 고유성을 근거로 이들을 별개의 독립된 종으로 구분할지 말지에 대한 판단은 중국과 대만에 분포하는 백서향까지 아우른 확대 연구가 진행되어야 뚜렷해질 수 있다.

오전 9시 30분. 그들 삶을 너무 오래 들여다보았다. 사진을 남겨야 한다. 사진은 식물과 그들이 사는 환경을 가장 정확하게 기록하는 방법이다. 식물촬영용 카메라는 빛에 너무 민감하다. 하필이면 나의 피사체에 그늘이 드리운다. 난대림에서 흔히 만나는 새덕이가 잎사귀를 자꾸만 백서향 쪽으로 흔들어대는 탓이다. 몸이 납작하고 꼬리가 날렵한 바닷물고기 서대기(서대)를 꼭 빼닮은 잎 때문에 나무 이름도 '새덕이'라는 설이 있다. 배낭에서 우산을 꺼낸다. 현장 조사에서 우산은 비와 햇볕을 가리는 용도로만 사용되는 건 아니다. 오늘은 새덕이 그늘 가림용이다.

오전 10시. 사진을 담아가도 된다는 허락을 백서향에게 얻고, 더 늦기 전에 다음 목적지로 향한다.

오후 2시. 줄포IC 톨게이트를 빠져나온다. 목적지까지 30분 이내에 도착할 것이다. 거의 해마다 2월이면 명절 인사하러 가듯 변산의 변산바람꽃 군락지를 방문한다. 덕분에 줄포에서 목적지까지는 눈을 감아도 훤한 길이라 아침보다는 조금 넉넉한 마음이다.

오후 2시 30분. 변산바람꽃이 정확하게 만개했다. 겨울 땅에 돋은 별처럼 보인다. 개체수가 줄어든 걸까, 군락지가 작년보다 수척해진 모습이다. 자생지의 이곳저곳을 살피며 그들 삶을 염탐한다.

1993년 국내 식물분류학계를 깜짝 놀라게 한 사건이 있었다. 전에 없던 새로운 우리 식물이 발견된 것이다. 발견 당시만 해도 지구에서 유일한 자생지는 전북 부안군 변산면 세봉계곡이었다. 그래서 얻은 이름이 변산바람꽃이다. 그 후로 마이산, 지리산, 설악산, 한라산 등지에서도 군락지가 발견되어 2월이면 곳곳에서 놀라운 꽃밭을 이룬다. 눈이 다 녹기도 전에 언 땅을 뚫고 꽃을 피우는 식물로, 얼음 속에서 핀다는 복수초와 순위를 다투며 꽃소식을 전한다. 학명의 첫 번째 단어인 속명 '*Eranthis*'는 '꽃'을 뜻하는 그리스어 'anthis' 앞에 '봄'이라는 의미의 'Er'가 붙은 단어이다. 땅이 온전한 해빙을 허락하기도 전에 제 온기로 꽃을 피우고 서둘러 열매를 맺는 부지런함은 그들의 생존 무기가 되었다.

전략은 두 가지다. 첫째, 짧은 개화 시기 동안 온 에너지를 꽃에 투자하여 꽃의 형태를 변형하는 것이다. 변산바람꽃은 연약한 체구에 비해 유난히 큰 꽃을 피우지만 정작 꽃잎은 없다. 하얗게 다소곳이 꽃잎 행세를 하는 것은 꽃잎이 아니라 꽃받침이다. 곤충의 눈에 잘 띌 수 있게 주변의 색과 대조되는 하얀색으로, 꽃가루받이를 해줄 곤충이 찾아와서 편히 앉아 쉴 수 있도록 가능한 한 크고 넓적하게 설계된 꽃받침. 실제 꽃잎이 나 있어야 할 자리에는 개나리색 깔때기 모양의 젤리 같은 것이 오종종 박혀 있다. 너무 작아서 언뜻 보면 둘레의 수술과 구분이 잘 안 되지만 곤충을 부르는 역할만은 확실하다. 가장자리에 꿀을 두르고 있어서 봄이 오기도 전에 활동하는 몇 안 되는 곤충을 전략적으로 불러들이기 때문이다. 여기서 끝이 아니다. 두 번째 전략은 꽃 아래 잎처럼 생긴 기관을 추가로 만들어 꽃이 잉태에 성공할 때까지 씨앗이 될 밑씨를 완벽하게 보호하는 것이다. 그 보호기관을 식물학 용어로는 '포엽苞葉'이라 한다. 인간이 소중한 생명을 감싸거나 값진 선물을 포장할 때 포대기나 보褓를 쓰듯이 식물은 자신의 꽃을 보호하기 위해 포苞라는 잎의 변형기관을 사용한다. 어려운 한자어 대신 '꽃싸개잎'이라고 불러도 좋을 거란 말을 나는 그들에게서 읽었다. 숲에 경쟁자가 적을 때 서둘러 꽃을 피워 꿀을 빚고,

2월 초순부터 꽃이 피는 변산바람꽃. 하얀 꽃잎처럼 보이는 것은 꽃잎이 아니라 꽃받침이다. 곤충의 눈에 잘 띄어 수분 매개에 성공하기 위한 전략이다. 꽃 아래에는 잎처럼 보이는 '포엽'이라는 기관을 추가로 만들어 잉태에 성공할 때까지 씨앗이 될 꽃의 밑씨를 보호한다.

유인에 실패할지라도 곤충이 앉을 공간을 넉넉히 만드는 지혜와 용기. 이른 봄꽃 구경을 하다가 문득 여태 부모가 되어보지 못한 마음에 괜히 멋쩍어진다. 변산바람꽃은 개화한 지 몇 주 내에 모든 전술을 동원하여 열매를 맺고, 다음 생명이 준비된 것을 점검한 후 숲이 초록을 입기도 전에 홀연히 모습을 감춘다.

그들을 살피는 나의 시선을 느꼈는지 변산바람꽃이 주변의 이야기를 넌지시 해준다. '*Eranthis*'는 우리말로 '너도바람꽃속'으로, 여기에 속하는 식물은 전 세계에 10여 종 정도 되며 그중 자신과 너도바람꽃만 우리나라에서 자란다고, 우리 둘이 남매지간이라면 그 사촌쯤 되는 바람꽃속 식물도 있다며 아네모네*Anemone* 이야기를 꺼낸다. 꽃집이나 화단의 아네모네는 알고 우리 이름 '바람꽃'을 모른다면 한반도 도처에 사는 바람꽃 식물들이 서운해할지도 모른다고, 바람꽃과 꿩의바람꽃과 홀아비바람꽃을 비롯하여 우리나라에 자생하는 바람꽃 종류를 줄줄이 호명한다.

오후 3시 10분. 변산반도에서 지금 출발해야 저녁 8시 전에 귀가할 수 있다. 서해의 땅끝에서 백두대간을 넘어 경북 봉화의 최북단 마을까지 가려면 서둘러야 한다.

저녁 6시 30분. 영주IC를 빠져나와 봉화 방면 36번 국도에 진입한다. 해가 길어져서 아직도 낙조의 얼굴이 불콰하다. 며칠 전 내린 눈이 소백산 꼭대기를 하얗게 덮고 있다.

저녁 7시 40분. 강행군을 마치고 무사히 돌아왔다. 오늘 봄꽃을 만난 게 마치 먼 나라의 일처럼 아득해져서 나는 무언가를 불러내본다. 존경하는 신경의학자 올리버 색스는 노년에 시한부 판정을 받고 〈나의 생애My Own Life〉라는 글에서 이렇게 썼다. "무엇보다 나는 이 아름다운 행성에서 지각 있는 존재이자 생각하는 동물로 살았다. 그것은 그 자체만으로도 엄청난 특권이자 모험이었다." 이른 봄꽃을 시작으로 식물의 개화와 개엽이 숲을 차츰 초록으로 채울 것이다. 꽃을 틔우고 꿀을 빚고 열매의 육즙을 채워 씨앗을 지키는 식물의 생애. 그것을 기록하는 나의 생애는 '그 자체만으로도 엄청난 특권이자 모험'이다. '지각 있는 존재이자 생각하는 동물'로서 '이 아름다운 행성'을 오늘도 내일도 내내 조화롭게 지키고 싶다는 생각을 하며 여장을 푼다.

밤 9시. 남쪽 밤하늘에 등장한 오리온자리가 총총 핀 남도의 봄꽃 같다. 오래지 않아 꽃들의 북진이 시작될 것이다.

산나물 이야기

내가 나를 조금 높이 평가할 때가 있다. 산과 들의 수많은 식물을 약초와 독초로 척척 구별할 때, 딱 보면 먹을 수 있는 풀인지 아닌지를 알 때, 그들 가운데 특히 맛있는 풀을 골라낼 때가 그렇다. 식물이 저마다 자연에 적응해서 살아가는 방식을 헤아리고 그들의 삶을 살뜰히 챙기는 내 모습을 볼 때 돌연 '근거 없는 자신감'이 솟는다.

요즘 비건 선언이 부쩍 늘고 있다. 우리 산과 들의 나물들은 부지런히 새순을 내며 동물성 식품에 매달리지 말라고 말하는 듯하다. 냉이와 쑥과 달래는 봄의 전언과 같은 그 향기로, 고들빼기와 민들레와 씀바귀는 특유의 쌉싸름함으로, 두릅나무와 음나무(개두릅)와 독활(땅두릅)의 새순은 각기 다른 연둣빛으로 자신을 드러내고 있다. 식물들은 겨우내 농축한 에너지를 저마다 지상에 꺼내놓는다. 대체로 익숙한 들판의 봄나물과는 달리 특정 지역의 깊은 산에서 자라기 때문에 일반인에게는 다소 낯선 산나물들이 있다. 4월, 깊은 산중은 그들의 발아로 분주하다.

식물학 서적과 도감을 통해 이론으로만 배웠던 산나물과 실제로 친숙해진 것은 강원도 생활을 시작하면서부터다. 그러니까 20대에서 30대로 건너가던 시기의 몇 해를 강원도 양구군 해안면에 있는 일명 '펀치볼Punch Bowl 마을'에서 보내면서 산나물을 알아보는 나의 눈높이는 그들이 사는 위도만큼이나 조금 높아진 것 같다.

양구군 해안면은 해발 1,000미터가 넘는 산들이 사방을 에워싸고 있고, 그 가운데 움푹한 분지에 형성된 남한의 최북단 행정구역이다. 지리 교과서에서는 침식분지를 설명할 때 해안면의 펀치볼 지형을 예로 든다. 한국전쟁 때 해안면을 둘러싼 산지의 격전을 취재하러 온 외국의 종군 기자가 산정에서 내려다본 그 지형의 모습이 마치 화채그릇 같다고 부른 것이 그 마을의 이름이 되었다고 한다.

여섯 동네가 옹기종기 모여서 분지라는 그릇 안에 담긴 해안면은 우리나라에서는 유일하게 면 전체가 민통선 안에 속하는 곳이다. 나는 그 마을에 들어 10년의 절반을 살았는데, 오목한 분지와 나를 에워싼 산들이 꼭 엄마 자궁에 든 것만 같은 편안함을 불러오곤 했다. 동그스름하게 파인 그곳을 기지로 삼아 나는 사람들과 함께 비무장지대의 동단과 서단을 수차례 횡단하며 치열하게 식물을 조사하고 기록했다. 정성껏 단장한 DMZ자생식물원은 그렇게 문을 열었다.

비무장지대를 오가며 탐색한 식물들 중에는 자생지의 환경이 취약해 별도의 보호가 필요한 개체도 있었다. 그들의 수를 늘리고 안전한 서식 공간을 새로 마련해 주는 것이 그 당시 가장 적절한 보전 방안이었다. 'DMZ 자생식물의 탐사와 보전'이라는 연구 프로젝트를 진행하며 우리는 철책선에서 위험에 처한 많은 식물들의 씨앗을 한톨 한톨 받아 모았다. 거둔 종자를 파종하고 발아시켜 식물의 수를 늘리는 증식 작업은 특히나 손이 많이 가는 일이라 모종을 다루는 농사일이 익은 동네 어르신들의 손길이 간절했다. 그렇게 식물원은 동네 몇몇 할머니들의 일터가 되었고, 그들과 어울리는 동안에 나는 강원도 산나물을 알짜부터 쭉정이까지 다 배웠다.

그 시작은 얼레지였다. 얼레지의 화려한 꽃은 자못 이국적인 느낌을 준다. 만개한 얼레지 꽃 군락을 보면서 '비가悲歌'라는 뜻의 '엘레지elegy'를 얼레지와 나란히 생각했던 적이 있었다. 정확히 할머니들에게서 〈얼러지 타령〉을 듣기 전까지는 그랬다.

식물원에서 파종한 얼레지 싹이 올라온 걸 보고 이걸 왜 고생해서 키우냐며 오유리에 사는 김 할머니와 만대리의 박 할머니는 나를 식물원 뒷산으로 이끌었다. 그곳은 지뢰 미확인 지대라 저지선이 안내하는 안전한 땅만 딛으며 둘러 다녀야 했었는데, 그날부로 할머니들 덕분에 검증된 지름길을 익힐 수 있었다. 여기가 '얼러지' 자리라며 곧 얼룩덜룩한 새순이 한가득 올라올 거라고 김 할머니는 한쪽 팔을 쭉 뻗어서 허공에 반원을 그리며 자랑하듯이 말씀하셨다. 갑자기 어떤 가락이 흘러나오기 시작했다.

> 바랑골 뒷동산에 더덕싹이 나거든
> 우리나 삼동세 더덕 캐러 가세
>
> 대바우 용옆에 얼러지가 나거든
> 너하고 나하고 얼러지 캐러 가자

〈얼러지타령〉은 양구의 산악지대에 기대어 살아가는 주민들의 애환을 노래한 민요로, 지역에서는 〈양구아리랑〉으로 여긴다. 그 구슬픈 가락을 듣자마자 그간 식물학계에서도 어수선했던 '얼레지'의 어원이 내 속에서 말끔하게 정리되었다. 얼룩덜룩한 무늬의 잎과 먹는 나물이라는 뜻이 더해진 '얼러+취'가 '얼러지'가 되었고, 식물학자들에 의해 '얼레지'로 기록된 것이다. 그 얼룩덜룩한 무늬 잎을 두고 일본에서는 아기사슴의 몸에 난 얼룩무늬를 닮았다고 하고, 서양에서는 송어의 얼룩무늬에 비유하기도 한다.

먹을 것 귀하던 시절의 이른 봄, 첩첩산중 강원도 산골 마을에서 얼레지 싹을 비롯한 산나물은 보배로운 구황식물이었다. 할머니들 말로는 얼레지 캐러 가서 얼

얼레지 어린잎(위쪽). 얼룩무늬는 주변의 환경에 맞춘 일종의 보호색인 동시에 엽록소 생산을 아껴 에너지를 비축한 증거다. 꽃이 활짝 피고 나면 얼레지 잎은 제법 초록을 얻는다(아래쪽).

레지만 얻는 것이 아니라고 한다. 산은 같은 시기에 피는 서로 다른 나물들을 두루 내어준단다. 그곳의 식물종이 다양해서 가능한 일이다. 얼레지 잎이 돋을 무렵 함께 나는 지장나물과 우산나물과 삿갓나물과 회순(회잎나무 새순) 햇잎들을 한데 데쳐서 간장만 약간 넣고 조물조물 무치는 게 가장 맛있게 먹는 비법이라고 할머니들은 일러

지장보살 두상 모양으로 꽃대를 내민 풀솜대(왼쪽). 이내 화사한 꽃을 피우고 붉은 열매를 맺는다.

주었다. 우산나물과 꼭 닮은 삿갓나물에는 독이 있다고 예전에 분류학 전공 수업에서 배웠는데, 어린순은 데쳐내면 해로울 거 하나 없다며 해안의 할머니들은 크게 구분하지 않고 두루 섞어서 무쳐내었다. 잎이 억세지기 전에 그들 햇잎을 한장 한장 볕에 정성스레 말리는 일에도 힘을 쏟으셨다. 계절 가리지 않고 묵나물로 내내 먹을 수 있기 때문이다.

얼레지처럼 백합과 여러해살이풀인 풀솜대를 민간에서는 '지장나물'이라고 부른다. 항간의 해설은 구황식물인 풀솜대가 보릿고개를 전후하여 굶주린 백성을 지장보살과 같은 마음으로 구제했기에 지장나물로 부른다고 설명한다. 그런데 이 논리에 따르면 지장나물로 불러야 할 식물이 많아도 너무 많다. 오유리의 김 할머니는 풀솜대가 지장나물로 불리는 건 생김새 때문이라고 했다. 햇잎을 펼치며 내민 새순의 꼭대기에 꽃망울이 맺힐 때가 지장나물을 캐는 적기인데, 빼꼼히 고개 내민 꽃망울 형상이 영락없는 지장보살 두상 같아서 예로부터 그렇게 불렀다는 거다. 데쳐서 무쳐 먹으면 솜털이 보송한 풀솜대가 입안 전체를 보드랍고 포근하게 감싼다. 봄기운이 가득 번지는 맛이다. 만대리의 박 할머니는 강원도 산나물 중에 지장나물이 최고라고 치켜세웠다.

이게 누룩치장떡이라며 오유리의 김 할머니는 아기 손바닥만 한 부침을 내 앞으로 가까이 옮겨놓았다. 할머니들 댁에 초대받아 밥 얻어먹는 일은 오지에 사는 기쁨 중 하나였다. 강원도 지방에서 '누룩치'라 부르는 이 식물의 진짜 이름은 '왜우산풀'이다. 왜우산풀 특유의 누린내가 내 후각과 미각을 건드렸다. 장떡도 훌륭했지만 그 의뭉스러운 향 때문에 누룩치 생채가 나의 취향을 제대로 저격했다. 이렇게 직접 보고 만지고 먹는 행위로 식물의 쓰임을 학습할 때 나는 몇 곱절이나 자극받는다. 산형과에 속하며 우리나라에서는 강원도를 중심으로 일부 지역의 높은 산지에 드물게 자라는 왜우산풀은, 과거에는 더 널리 자랐을 것이라 추측되지만 약용과 식용의 가치를 높이 쳐서 고가로 거래된 탓에 자생지의 개체들이 급격하게 감소하고 있다.

밥상 가운데 놓인 물김치 향이 하도 새로워서 초록 잎 한 장을 건져 밥그릇으로 옮겨와 펼쳐보니 는쟁이냉이 잎이었다. 내가 이름을 대자 김 할머니는 '산갓'이

왜우산풀. 산형과에 속하며 우리나라에서는 강원도를 중심으로 일부 지역의 높은 산지에 드물게 자란다.

라고 고쳐 말했다. 양구를 비롯하여 인제, 화천 등지의 산촌에서는 는쟁이냉이로 물김치와 장아찌를 담가 먹고, 경상북도에서 거의 유일하게 는쟁이냉이가 자랄 수 있는 봉화군에는 옛 조리법을 그대로 이어 산갓물김치를 담그는 고택이 있다. 조선시대에는 산갓을 임금에게 바치거나 상류층 양반가를 중심으로 즐겨 먹었다는 기록도 남아 있다.

갓처럼 알싸한 향이 나는데 깊은 산에서 자라기 때문에 민간에서는 '산갓'이라 부르는 는쟁이냉이를 DMZ 동부 전선의 계곡부에서는 어렵지 않게 만날 수 있다. 냉이와 가까운 십자화과 혈통의 식물이고 잎은 둥글고 넓은 편인데 그 생김새가 꼭 숟가락을 닮아서 북한에

눈쟁이냉이 새순. 앙다문 꽃대를 품고 잎을 펼칠 때가 산갓 나물로는 적기다. 눈쟁이냉이가 하얀 꽃을 피우면 강원도 깊은 산중의 계곡이 여미하게 밝아진다.(사진: 이상을)

서는 '숟가락냉이'라고 부른다. 남한에서는 그 둥근 잎이 명아주를 닮았다고 하여 민간에서 명아주를 일컫는 '는쟁이'를 빌려다가 '는쟁이냉이'라고 부른다.

마타리와 대나물과 곤드레(고려엉겅퀴)가 뒤섞인 묵나물밥, 곰취와 삼나물(눈개승마)과 명이나물(산마늘)과 잔대로 담근 각종 장아찌, 수리취와 서덜취와 비비추와 다래순을 각각의 나물성에 따라 양념을 달리하여 버무린 나물무침, 참나물과 참당귀와 어수리와 파드득나물 쌈채류… 할머니들의 밥상은 훌륭한 산나물 학습장이었다.

강원도에서 만난 수려한 산나물들을 엄마가 계신 내 고향에서는 즐겨 먹지 않는다. 식물은 저마다 사는 자리가 정해져 있으니 그들을 쉽게 구할 수 없기 때문이다. 엄마는 10년 전에 유방암 판정을 받고 왼쪽 가슴을 도려냈다. 긴 병원 생활을 끝내고 스스로 식단 관리를 시작하면서 엄마는 자연스럽게 채식주의자가 되었다. 비건은 아니고 건강상 달걀과 생선을 먹어야 해서 페스코 정도 된다. 그런 그녀가 가장 좋아하고 잘하는 건 산과 들에 자라는 나물 요리인데, 특히 머위를 다루는 기술이 수준급이다. 이른 봄에 갓 나온 잎은 살짝 데쳐 된장과 고추장을 약간 더해서 무쳐 먹고, 손바닥보다 커진 잎은 밥 위에 쪄서 쌈으로 먹는데 자글자글 끓인 된장과 함께 먹으면 좋다. 피기 직전의 꽃대는 따자마자 통째로 튀겨서 간식처럼 먹거나 된장에 묵혀서 잊을 만할 때 밥상에 올려 입맛을 돌게 한다. 내가 제일 좋아하는 건 제법 굵어진 줄기를 볶아 만든 자작자작한 들깨탕이다. 귀한 강원도 산나물이 나에게 특식이나 별미라면 고향집 언저리에 아무렇게나 자라는 머위는 오래 묵은 장맛이다.

발걸음을 붙잡는 철쭉

서울 근교로 이사한 고향 친구가 사진을 찍어 보내며 묻는다. 불암산에서 진달래를 보았다고, 우리 어릴 때 꽃 꺾어 놀던 진달래가 왜 색이 바랜 채 이제야 꽃을 피운 거냐고, 아픈 건 아니냐고. 나는 친구에게 문자메시지를 보냈다. 아, 그건 진달래가 아니고 진달래랑 형제 식물인데, 일찍 꽃 먼저 피는 진달래와 다르게 늦봄에 잎을 다 내밀고 옅은 분홍색 꽃을 피우지. 그게 바로 철쭉이야.

철쭉. 한자로 '머뭇거릴 척躑'에 '머뭇거릴 촉躅'이 변해서 지금의 이름이 되었다. 약간의 독성이 있는 철쭉을 뜯어 먹은 양들이 똑바로 걷지 못하고 비틀대는 모습을 본 중국의 유목민들이 붙인 이름이다. 항간에서는 꽃이 발걸음을 붙잡는다고 해서 척촉이 되었다고도 한다. 그만큼 꽃이 무척 예쁜 식물이다. 예쁘다는 표현만으로는 부족하고, 뭐랄까 차분한 색감 때문에 다소 우아한 분

진달래와 같은 혈통의 진달래속 식물 철쭉. 봄에 꽃이 먼저 피는 진달래와 달리 늦봄에 잎 다 나오고 난 뒤에 옅은 분홍색 꽃이 핀다.

위기가 있고, 잎을 다 내밀고 느긋하게 피어서인지 여유로움이 근사하게 배어나는 꽃나무가 철쭉이다.

식물분류학적으로 철쭉은 진달래속(로도덴드론*Rhododendron*) 식물이다. 우리 산에 자라는 철쭉과 산철쭉과 진달래를 비롯하여 로도덴드론에 속하는 지구상의 식물은 자그마치 1,000여 종에 이른다. 아파트나 집 정원에 즐겨

국가산림문화자산으로 지정된 경북 봉화군 옥석산의 철쭉.

심는 왜철쭉과 영산홍도 로도덴드론이다. 내가 근무하는 국립백두대간수목원에 바투 마주한 옥석산에는 2022년을 기준으로 582살 된 철쭉 한 그루가 있다. 세종대왕 재위 시절부터 그 산을 지키고 있다는 가치를 인정받아 2006년에는 보호수로, 2020년에는 국가산림문화자산으로 지정되었다.

로도덴드론은 특히 서양인이 사랑하는 나무인데 예로부터 정원을 아름답게 해서 그렇다. '장미처럼 꽃이 예쁘다'는 의미의 'Rhodo'에 '나무'를 뜻하는 'dendron'을 합쳐 지은 속명이 '로도덴드론'이다. 나무 한 그루가 한 정원을 책임질 정도로 아름다운, 이 정원은 이 나무가 다 했네, 할 때의 주인공이 바로 로도덴드론이다. 그중에서도 상록성 로도덴드론은 아주 오래전부터 정원 분야에서 소문이 자자했다. 꽃이 좋을뿐더러 사계절을 가리지 않고 초록을 뽐낼 수 있어서다.

정원의 역사와 문화가 깊어 '정원의 나라'라고도 불리는 영국은 자국의 정원 문화를 바꾸어놓은 나무로 로도덴드론을 든다. 화려한 상록의 로도덴드론은 알프스산맥과 히말라야산맥을 따라 다양한 종이 분포하는데, 과거에 영국은 알프스 일대에 널리 사는 로도덴드론에만 익숙했었다. 하지만 17세기 초 동인도회사를 기지로 삼으면서 영국은 아시아의 다양한 식물을 접하게 된다. 그 경로를 통해 히말라야산맥을 따라 살던 네팔과 인도의 로도덴드론이 영국에 도입되었다. 중국의 로도덴드론도 빠질 수 없다. 아편을 위한 양귀비와, 홍차를 위한 차나무를 구하려 당시 영국은 식물 수집가를 중국에 파견했다. 그 프로젝트에서 주요 임무를 맡았던 인물이 영국왕립원예협회에서 일하던 로버트 포춘이다. 1848년 중국에 도착한 포춘은 3년에 걸쳐 중국 대륙의 험준한 산맥을 오가며 여러 종류의 로도덴드론을 채집해서 영국

영국 식물학자에 의해 세계에 알려진 중국의 대표 로도덴드론 운금만병초.(사진: 세계생물다양성정보기구)

으로 보냈다. 그의 채집품을 분석한 영국의 식물학자 존 린들리에 의해 중국의 대표 로도덴드론인 '운금만병초 *Rhododendron fortunei*'가 1859년 신종으로 발표되며 세계에 알려졌다.

1915년 영국은 로도덴드론협회를 만들었다. 알프

스로도덴드론과 중국의 운금만병초, 그 외 각국에서 수집한 여러 종류의 만병초를 토대로 다양한 재배품종을 개발해 세계 각국에 수출도 했다. 이에 뒤질세라 미국도 로도덴드론협회를 만들고 1947년부터 지금까지 꾸준히 분기별로 로도덴드론 저널을 발간하고 있다.

알프스와 히말라야에 가지 않아도, 영국과 미국에 있는 굴지의 식물원과 수목원에 가지 않아도, 우리나라 백두대간을 따라 이어지는 산정과 울릉도에서 상록의 로도덴드론을 볼 수 있다. 바로 '만병을 다스리는 영험한 풀'이라는 이름의 만병초다. 이름에서 오는 몸에 좋을 거란 기대 탓에 오랜 세월 채취당하다 보니 지금은 멸종위기에 처하고 말았다. 이름이 '초'로 끝나지만 어른 무릎 높이쯤 자라는 나무다. 만병초와 형제 식물인 노랑만병초는 설악산에 산다. 대청봉 주변은 남한에서 노랑만병초가 살 수 있는 유일한 땅이다. 다행히 북한에는 만병초와 노랑만병초가 많이 살고 있다. 2018년 문재인 대통령 내외와 북한의 김정은 국무위원장 내외가 백두산에 함께 갔을 때, 리설주 여사는 백두산을 대표하는 식물이 만병초라고 자랑스럽게 말했다. 그들 모습을 중계하던 화면의 배경으로 비친 식물이 노랑만병초다.

철쭉과 진달래보다 헷갈리는 것이 철쭉과 산철쭉의 관계다. 그 이름과 반대의 삶을 살기 때문이다. 철쭉은 깊은 산 높은 곳에서 나고 산철쭉은 산정보다는 저지대나 강가 주변에서 주로 난다. 할머니는 살아 계실 적에

백두대간의 산정과 울릉도에 사는 만병초.

어린 내 손을 잡고 산과 들과 강으로 다니며 '연달래'와 '수달래'를 알려주었다. 진달래보다 연한 꽃이 피는 철쭉, 강가 주변에서 주로 사는 산철쭉을 그리 불렀던 것이다. 로도덴드론은 몰라도 할머니는 철쭉을 구분하는 법을 정확히 알고 계셨다. 5월은 한반도의 로도덴드론이 제철인 때. 그 꽃들이 강가나 산정에서 어떤 감사의 인사를 전하듯 화사하게 핀다.

밤에 피는 하늘타리

밤이 되어야 활짝 피는 꽃이 있다. 우리에게 익숙한 달맞이꽃이 그렇고 박꽃이 그렇다. 이들이 밤에 제 속을 활짝 열어 보이는 건 꽃가루받이 때문이다. 그 거룩한 잉태를 성사시키기 위하여 꽃은 그들 사이의 매개자로 곤충을 불러 모은다. 박각시나방은 그래서 '박꽃'을 찾아오는 '각시'라는 이름을 얻었다. 박각시가 박꽃에 날아드는 여름밤 풍경은 일찍이 백석이 한 편의 시를 써서 그림처럼 완성해놓았다. 그렇게 뜨겁던 여름이 한 치의 미련도 없이 떠날 채비를 하는 무렵에 읽으면, 그 시는 나를 다시 한여름 밤의 어떤 장면 속으로 데리고 간다.

당콩밥에 가지 냉국의 저녁을 먹고 나서
바가지꽃 하이얀 지붕에 박각시 주락시 붕붕 날아오면
집은 안팎 문을 횅 하니 열젖기고
인간들은 모두 뒷등성으로 올라 멍석자리를 하고 바람

을 쐬이는데

풀밭에는 어느새 하이얀 대림질감들이 한불 널리고
돌우래며 팟중이 산엽이 들썩하니 울어댄다
이리하여 한울에 별이 잔콩 마당 같고
강낭밭에 이슬이 비 오듯 하는 밤이 된다

_백석, 〈박각시 오는 저녁〉

박각시가 박꽃만을 찾아 나서는 건 아니다. 그들은 박꽃뿐만 아니라 밤에 피는 다양한 식물을 방문한다. 그 중에 하늘타리는 곤충에게도 인간에게도 여러모로 특별한 식물이다. 박꽃과 같은 혈통의 박과 식물이고 한방에서 '과루瓜蔞' 또는 '괄루'로 부르는 유명한 약재이다. 《동의보감東醫寶鑑》은 하늘타리의 효능을 부위별로 자세하게 설명하고, 이 식물을 '하늘이 내린 신성한 식물'이라는 뜻의 '천과天瓜'라고도 소개한다. 《동의보감》, 《의방유취醫方類聚》와 더불어 우리나라 3대 의서인 《향약집성방鄕藥集成方》은 우리 땅에 나는 약재, 즉 '향약'의 쓰임을 꼼꼼히 기록한 책이다. 이 책은 그 당시 부르던 약재의 우리 이름을 세심히 적어두기도 했다. 하늘타리를 두고 '천질월이天叱月伊', 즉 '하늘의 식물이 밤에 핀다'는 뜻에서 '달(月)'을 붙여 '하늘달이'라고 소개한다. 그 옛 이름에서 지금의 '하늘타리'가 되었을 것이다.

우리 전통의학에서 항염, 면역 증진 효능이 있고 탈모와 변비에도 용하다고 평가하는 하늘타리를 한 3년 정도 쫓아다닌 적이 있다. 한약재의 중국산 수입 의존도를 낮추고 국산화를 이끌고자 식약처가 국가생약 자원관리에 발 벗고 나설 무렵이다. 한약재 성분의 거의 전부가 식물이기에 그 사업의 기틀을 마련하는 일에 식물분류학자들이 투입되었다. 식물분류학 전공자가 다수인 수목원의 우리 부서는 전라도에 분포하는 한약재 식물을 찾는 일을 맡았다. 전라도에서 절로 나는 식물 가운데 약재는 어떤 종이며, 언제 어디에서 누구와 얼마나 어떻게 자라고 있는지를 밝혀야 했는데, 그 중점 식물이 하늘타리였다.

그렇게 전라남도의 다도해를 훑으며 밤에 피는 하늘타리를 샅샅이 찾아다녔다. 하늘타리의 변종 또는 변이개체로 알려진 노랑하늘타리도 함께 찾았다. 그들의 생활사를 기록하느라 조사의 반은 주간에, 반은 야간에 이루어졌다. 주간에 그들의 자리를 확인해두고 다른 조사를 이어 하다가 저녁도 다 먹고 잠자리에 들어야 할 밤 9시에서 10시 사이에 다시 그 자리를 찾아가 개화를 확인하는 식이었다.

하늘타리를 찾고 기록하는 일에 고성능 LED 랜턴은 필수다. 어둠이 깜깜하게 내려앉은 밤에는 동물의 후각이 시각보다 앞선다는 것도 그때 제대로 확인했다. 하늘타리는 낮에는 꽃잎을 웅크려 쪼그라든 채 밤을 위해 에너지를 아꼈다가 밤이 되면 꽃잎을 한껏 펼치고 솨솨 소리를 낼 듯이 짙은 농도로 향기를 발산한다. 꽃가루받이의 매개자가 될 밤의 곤충들을 유혹하려고 어두운 숲에 자신의 향기를 부려놓는다. 너무 고혹적이고 관능적이고 농염해서, 그 향기를 처음 맡았을 때 어떻게 처신해야 할지 몰라 허겁지겁 조사를 서둘렀던 기억이 여태껏 남아 있다. 포유류인 내가 그 꽃부리에 코를 묻고 있다가 한 점의 꽃가루로 변신해서 암술대를 타고 씨방의 가장 깊은 곳까지 내려가 밑씨를 만나, 마침내 '수정'이라는 행위에 성공하고 싶다는 욕망이 일었던 한여름 밤의 기억! 그 치명적인 향기를 하늘타리는 요술처럼 맨몸으로 만든다.

식물의 몸에서 일어나는 복잡한 화학작용의 결과로 발현되는 것이 그들의 향기다. 하늘타리의 향기에 관여하는 성분으로 밝혀진 휘발성 물질만 해도 50여 가지에 달한다. 식물의 옹근 몸체를 따지고 들면 구절초 기준으로 한 개체에서 향기를 내는 물질이 100종류가 훌쩍 넘는다는 연구 결과가 있다. 식물은 이 성분들을 제 몸에서 각양각색으로 조합하여 누군가에게 보내는 일종의 신호이자 언어로 쓴다. 때로는 힘들고 아프다는 신호, 때로는 나를 건들지 말라는 신호, 때로는 이 꽃이 저 꽃을 받아들일 준비가 되었다는 신호.

하늘타리의 향기는 '리날로올linalool'과 '알데히드aldehyde'라는 성분이 주축을 이룬다. 전자는 시트러스 계열의 베르가트 향을, 후자는 달콤쌉싸름한 정체불명의 꽃향기를 내기 때문에 향수와 방향제와 섬유유연제의 원

활짝 핀 하늘타리. 낮에 보면 쪼그라들어 축 처진 꽃이 마치 면사포에 달린 수술처럼 보이지만, 밤에 보면 백발이 사방으로 뻗친 듯이 활짝 피어 어쩐지 으스스한 분위기를 낸다.

료로 쓰이는 이름난 방향 물질들이다. 몸의 내부에서 다양한 성분이 얽히고설켜서 그야말로 복잡다단한 향기를 분출하며 하늘타리는 말한다. 내가 너를 기다리고 있다고. 박각시를 비롯하여 밤에 활동하는 곤충들은 그 언어를 알아듣고 찾아가 하늘타리의 유혹에 응답한다.

하늘타리는 흰색 꽃잎 다섯 장의 가장자리가 잘게 갈라져서 꽃이 참 특이하게 생겼다. 낮에 보면 쪼그라들어 축 처진 꽃이 마치 면사포의 가장자리에 달린 수술처럼 차분해 보인다. 하지만 밤에 보면 백발이 사방으로 뻗친 듯이 활짝 피어 어쩐지 으스스한 분위기를 낸다. 이쪽 세상보다는 저쪽 세상에 어울리는, 정말 하늘의 식물 같다. 서양에서도 꽃의 생김새 때문에 하늘타리속의 이름을 트리코산테스*Trichosanthes*라고 지었다. '털'을 뜻하는 그리스어 'trichos'와 '꽃'을 뜻하는 'anthos'로 이루어진 이름이다. 그 이름을 딴 천연물질 '트리코산틴'은 하늘타리의 몸에서 추출한 단백질인데, 항암 효과, 특히 유방암과 폐암의 세포 발생을 지연시키는 효과가 있다는 것을 현대 과학이 밝히면서 신약의 주성분이 되었다. 그뿐 아니라 과거에 민간에서는 하늘타리 뿌리를 임신부에게 절대로 쓰지 않거나 피임약 대용으로 처방하기도 했는데, 인간의 임신 중절에 미치는 '트리코산틴'의 기작은 비교적 최근에야 확인되었다.

불과 몇 해 전인 2020년, 대만이나 중국과 일본의 남부에만 산다고 믿었던 식물이 우리나라에도 산다는 사실이 밝혀졌다. 여수의 남쪽 섬, 인적 드문 상록수림에서 빨간 열매를 단 낯선 하늘타리 종류가 발견된 것이다. 그러니까 제주에서도 훨씬 더 멀찌감치 남쪽으로 내려가야 살 수 있을 것이라 짐작했던 아열대식물이 한반도의 남쪽 섬에도 살고 있었던 것이다.

붉은하늘타리의 꽃과 열매. 2020년 여수의 남쪽 섬, 인적 드문 상록수림에서 발견되었다. 그전까지는 대만이나 중국과 일본의 남부에만 산다고 믿었던 아열대식물이다. 열매가 빨갛게 익고 잎이 깊게 갈라지지 않아서 하늘타리와 형태적으로도 뚜렷하게 구분된다. (열매 사진: 세계생물다양성정보기구)

붉은하늘타리의 등장은 식물분류학계를 술렁이게 했다. 이처럼 기존에 국내의 분포에 대한 기록이 없던 타국의 식물을 '미기록종'이라고 한다. 이와 달리 '신종'은 국경의 안팎 어디서도 확인된 적 없던, 지구상의 새로운 식물을 말한다. 남서해안에 넓게 퍼져 있는 먼 섬에서는 그간 기록되지 않았던 미지의 식물이 꾸준히 발견되고 있다. 최근 30년 동안 우리나라 남해와 서해의 도서 지역에서 발견된 미기록종과 신종은 70종이 넘는다. 원래 살고 있었던 식물도 있고, 새의 이동과 바닷물의 흐름이 최근에 섬으로 데려왔을 거라 추정하는 식물도 있고, 더욱 온난해진 기후 때문에 이제는 한반도의 섬에서도 살 수 있게 된 식물도 있다. 또 지금보다 따뜻했을 것이라 추정되는 시기, 적어도 6,000년 전에 한반도의 내륙까지 북상하여 번성하다가 지구가 다시 추워지던 수백 년 전에 차츰 남하하여 한반도에서 자취를 감추게 되는 식물도 있는데, 이때 남쪽으로 밀려나던 길에 살아남은 식물들이 남서해의 다도해에 숨어 살다가 최근에 미기록종이나 신종으로 발견되는 것이라고 짐작하는 학자들도 있다.

그래서 다도해를 떠올리면 내 마음은 그날 밤 하늘타리 향기를 맡던 순간처럼 일렁인다. 하늘타리 몸속에 둥둥 떠다니는 향기 성분같이 복잡하고 미묘한, 아직은 밝혀야 할 것이 많은 우리 식물의 세계. 내가 미처 알지 못했던 식물이 그 섬들에 산다. 또 다른 하늘타리가 기다리고 있을지도 모르는 그곳으로 내 발길이 자꾸만 향하고 있다.

가을에는 향유를

향유가 지천으로 피었다. 가을이 왔다는 뜻이다. 쑥이나 서양민들레처럼 애써 가꾸지 않아도 민가 주변에서 아무렇게나 자라는 식물이 향유다. 꽃이 화려하지 않아서 사람들 눈에 쉽게 띄지는 않는다. 그 대신에 특유의 향기로 자신의 존재감을 드러낸다. 추석에 찾아간 엄마 계신 고향 집 마당에도, 코로나 검사를 받기 위해 들렀던 예천보건소 언저리에도, 그리고 좀풍게나무를 조사하러 갔던 경북 의성의 빙계계곡에도 향유가 피어 너울너울 향기를 내고 있었다.

식물 전체에서 강한 향기가 난다고 해서 이름도 향유香薷다. 나물로 먹기도 해서 옛사람들은 '먹을 여茹' 자를 붙여 '향여香茹'라고도 했다. 동아시아를 비롯하여 히말라야와 유럽에도 널리 자라는 향유는 먼 옛날부터 약용식물로 널리 이용되었다. 조선 초기에 발간된 《향약채취월령鄕約採取月令》에 향유가 등장하기 때문에 우리나라에서는 그 이전부터 향유를 국산 약재로 다루었을 것이라고 본다. 《향약채취월령》은 예로부터 널리 쓴 우리 약재에는 어떤 것들이 있고 이들을 정확히 언제 채집해야 하는지를 민간에서 노래로 익힐 수 있도록 기록한 일종의 의학서이다. 이 책의 설명에 따르면 11월은 '향유를 채집하는 달'이다. 《동의보감》도 향유를 중요한 약재로 기록한다. 특히 '곽란霍亂'을 다스리는 데 반드시 향유를 쓴다고 했는데, 그 시절 배탈의 특효약이 향유였던 것으로 보인다. 실제로 식중독을 일으키는 대표 세균인 살모넬라균에 대한 항균 성분이 향유에서 확인되었다.

식물의 약성은 영어로 흔히 '에센셜 오일'이라고 부르는 '정유精油' 성분에서 비롯되는데, 이것이 공기 중에 노출될 때 식물 특유의 향기가 난다. 대개 향이 짙은 식물이 약성도 높은 편이다. 추출법을 달리하면 식물 체내에 둥둥 떠다니는 다양한 종류의 에센셜 오일을 밝힐 수 있고, 그것으로 새로운 천연향료나 신약 성분을 얻을 수도 있기 때문에 관련 연구는 끊임없이 진행 중이다.

향유의 체내에서 확인된 정유 성분은 자그마치 70여 종류에 달한다. 그중에서도 나의 관심을 끄는 것은 리모넨limonene과 시트랄citral이다. 이들은 마치 레몬과 오렌지를 버무린 듯 상큼한 향을 담당하는 성분이다. 유명한 향수 브랜드 '조말론'과 '이솝'은 그 향을 담은 제품을 주력 상품으로 내걸기도 했다. 이들 성분을 자연에서는 우리가 익히 아는 재배식물 레몬그라스에서 주로 얻는다. 레몬그라스는 동남아시아 일대에서 널리 키우는 볏과 작물이다. 잎만 보면 억새나 갈대처럼 큰 특징 없이 생겼는데, 옹근풀에서 나는 특유의 레몬향은 독보적이라 이름도 '레몬풀'이다. 향수를 만드는 원료의 대명사가 된 식물이자 셰프가 사랑하는 향신료, 태국의 대표 음식 똠양꿍에 절대 빠져서는 안 되는 식물이 레몬그라스다. 하지만 이렇게 화려하게 쓰이는 레몬그라스가 안타깝게도 우리 땅에서는 저절로 자라지 않는다. 최근 들어 다양한 작물의 재배 기술이 보급되어 국내에서도 레몬그라스 생산이 가능해졌지만 레몬그라스와 같은 수입 식물을 재배하기 위해서는 해당 식물의 원천에 대한 로열티를 따로 내야 한다. 국제협약인 '나고야의정서'의 엄격한 의무조항에 따라 이익은 마땅히 원산지에 공유되어야 하기 때문에, 외국 원산의 재배식물을 키워 쓰는 데 숱한 제약이 따르게 된 것이다.

그래서 나는 레몬그라스의 대체 식물이 될지도 모를 향유의 가능성에 주목하고 싶다. 이제는 타국에서 수입하는 식물에 막연히 기대는 것보다 우리 땅에 저절로 자라는 자생식물을 더 꼼꼼하게 들여다보아야 할 때라는 생각도 든다. 이 같은 견해는 식물학계와 국제법학계를 오가며 다양한 곳에서 점차 번지는 추세다. 우리 선조들은 이미 600여 년 전에 이런 생각을 실제로 행동으로 옮겼다. 고려에서 조선으로 넘어가던 시기에 국내에는 중국의 학문과 기술이 폭넓게 도입되었는데, 동시에 한국의 고유성을 찾기 위한 노력도 일고 있었다. 특히 의학 분야에서는 중국산 당약에 의존했던 과거와 달리 약이 되는 우리 자생식물을 조사하고 기록하는 일에 힘을 쏟았다. 조선 건국 초기였던 1399년에 편찬된 의학서《향약제생집성방鄕藥濟生集成方》에는 우리 땅에 자라는 향약이 당약에 비해 우월하다는 주장이 곳곳에 담겨 있다. 이를 토대로 조선 초기의 서민 의료기관이었던 제생원에는 국내의 각 지역에서 수집한 약용식물을 심어 기르는 공간도 별도로 마련되었다. 특히 세종은 즉위 초부터 지역별로 향약의 실태를 조사하도록 지시하였고, 그 결과를《세종실록지리지世宗實錄地理志》에 고스란히 담았다. 이러한 노력의 결과로 조선의 3대 의서《향약집성방》,《의방유취》,《동의보감》이 편찬될 수 있었던 것이다.

향유는 조선이 낳은 모든 의서에 하나같이 중요한 식물로 등장한다. 한방에서는 '향유'라는 이름 외에 '노야기'라고도 부르는데, 실제로는 향유뿐만 아니라 그의 형제 식물인 꽃향유도 같은 이름으로 한방에서 함께 썼을 것이라고 짐작한다. 꽃향유의 주 분포지는 한반도다. 향유는 북반구 일대의 여러 국가에 걸쳐 비교적 널리 자라지만 꽃향유는 한반도를 벗어나면 중국 동북부의 일부 지역에서만 자란다. 꽃향유도 향유처럼 몸에서 특유의 레몬향을 발산하는데 향유와 비교하면 옅은 편이다. 그래서인지 꽃향유 몸에서 밝혀진 정유 성분은 향유의 절반에 그친다. 그 대신 꽃향유는 이름처럼 꽃이 두드러진

우리 땅에 자라는 자생식물 꽃향유. 앙증맞은 체구에 짙은 보라색 꽃이 다소 비현실적으로 크게 피어, 수십여 포기가 군락을 이루면 마치 그 자리에 보랏빛 융단이 깔린 것만 같다.

다. 앙증맞은 체구에 짙은 보라색 꽃이 다소 비현실적으로 크게 피어, 수십여 포기가 군락을 이루면 마치 그 자리에 보랏빛 융단이 깔린 것만 같다. 그래서 서양에서는 우리의 꽃향유를 정원식물로 주목하고 있다. 이렇게 꽃이 곱기도 하거니와 그 향기가 '아로마 테라피' 소재로 제격이라, 유럽에서는 꽃향유를 인간의 심신에 이로운 주요 치유식물로 꼽으며 대량으로 재배하고 있기도 하다.

내가 지금껏 만난 가장 멋진 꽃향유 군락은 북악산 성곽길에 있다. 문재인 정부는 54년 만에 북악산 전체를 국민들에게 열었는데, 완전 개방 전인 2018년, 그곳에 어떤 식물이 자라고 있는지를 파악해달라는 요청이 있었다. 당시만 해도 북악산 성곽길 일부 구간은 청와대의 북쪽을 감싼 채 미개방 지대로 묶여 있었는데, 그 길이 청와대로 곧장 이어지기 때문에 실제로 내가 담당했던 조사지는 북악산을 포함하여 청와대 전 구역이었다. 지금의 청와대 자리는 경복궁의 뒤뜰로, 드넓은 녹지대를 자랑하던 곳이다. 그 명성에 걸맞게 청와대 안에는 5만여 그루의 나무가 살고 있다. 어떻게 보면 우리 선조가 물려준 숲을 가장 완벽하게 보전하고 있는 장소 가운데 하나가 청와대의 숲이라는 생각도 든다. 그 숲을 나는 2018년 가을부터 2019년 가을까지 종횡무진 누볐다. 고려시대부터 살아온 주목을 만났고, 조선시대에 그곳에 뿌리내린 회화나무와 소나무를 찾았으며, 역대 대통령의 기념식수를 일일이 파악하여 그 종류를 밝히기도 했다.

가는잎향유(위쪽)와 좀향유(아래쪽). 가는잎향유는 꽃향유에 비해 잎이 실처럼 가늘다. 충북과 경북을 잇는 이화령에 아주 드물게 자란다. 좀향유는 이름처럼 작아도 너무 작다. 사진 속 배경으로 등장하는 현무암의 크기가 아기 주먹만 하니 좀향유가 얼마나 작은지 감이 올 것이다. 한라산 중턱을 올라야 비로소 만날 수 있다.

그중에 내게 가장 또렷하게 새겨진 식물은 단연 꽃향유다. 혹시 이들이 제생원을 두었던 시절부터 자라왔던 게 아닐까 하는 생각이 불현듯 들어서 안국역 3번 출구 앞에 있는 현대사옥, 제생원이 있었던 그 자리에도 가보았다. 하지만 꽃향유가 살 법한 땅에는 외국에서 수입한 고가의 정원식물이 자리를 꿰차고 있었다.

꽃향유뿐만 아니라 한반도에는 꽃향유를 쏙 빼닮은 가는잎향유와 변산향유와 좀향유가 자란다. 가는잎향유는 충북과 경북을 잇는 이화령에서, 변산향유는 변산의 해안가 바위지대에서, 좀향유는 한라산에서 만날 수 있다. 지구의 드넓은 대륙에서 이들이 우리 땅을 선택해서 살아간다는 사실이 나는 참으로 고맙고 기쁘다. 꽃들이 점점 자취를 감추는 가을에는 향유를 찾아 나서 보자. 그 향기를 얻는다면 우리가 맞는 가을 또한 한 겹 더 향기로워질 것이다.

낙지다리와 쇠무릎

'낙지다리'와 '쇠무릎'은 어떤 동물의 신체 부위만을 가리키는 용어는 아니다. 우리 땅에 저절로 자라는 자생식물의 정식 이름이다. 실제로 그 모양을 살펴보면 전자는 연체동물인 낙지의 다리를, 후자는 포유류인 소의 무릎을 꼭 빼닮았다. 예로부터 부르던 이름을 고치지 않고 그대로 받아들여 채택한 것이다.

낙지다리는 아시아의 습지대에 널리 퍼져 사는 여러해살이풀이다. 어른 키 절반 정도로 곧추서 자란다. 꽃은 한여름에 산낙지를 뒤집어놓은 모양으로 핀다. 가을이 오면 꽃이 진 자리에 맺힌 열매가 붉게 익어 마치 익힌 낙지의 다리처럼 된다. 이렇게 붉게 물든 낙지다리가 군락을 이룰 때, 작은 것들이 모여 이룬 풍경은 정말 아름답다. 설악산과 월악산을 비롯하여 백두대간의 산정에 내로라하는 단풍 명소가 있다면, 낮은 땅 습지에는 낙지다리가 펼치는 가을의 군무가 있다.

낙지다리의 꽃(위쪽)과 열매(아래쪽). 자생식물 낙지다리는 아시아의 습지대에 널리 퍼져 사는 여러해살이풀이다. 어른 키 절반 정도로 곧추서 자란다. 꽃은 한여름에 산낙지를 뒤집어놓은 모양으로 핀다. 가을이 오면 꽃이 진 자리에 맺힌 열매가 붉게 익어 마치 익힌 낙지의 다리 같다.

많은 사람에게 낙지다리가 낯선 이유는 아마도 쉽게 만날 수 없기 때문일 것이다. 낙지다리는 사람 손을 타지 않은 습지 주변에 사는데, 드넓던 습지가 거대한 육지로 개발된 우리나라에서는 이 식물이 보기 드문 희귀식물이 되고 말았다. 한강과 금강, 낙동강과 영산강, 이들 4대강에 대한 정비사업이 있기 이전에 그 강줄기 주변으로는 자연적으로 형성된 크고 작은 습지들이 지금과는 견줄 수 없이 많았다. 낙지다리는 그 습지를 지키던 파수꾼이었다. 하지만 4대강 사업을 통과한 지금은 그 많던 습지도, 그곳을 수호하던 낙지다리도 대부분 자취를 감추었다.

그간에, 그러니까 내가 대학원에 입학하며 본격적으로 식물탐사에 몰입할 수 있었던 시기부터 지금까지 10년이 넘는 시간 동안에, 낙지다리의 생존 소식이 띄엄띄엄 도착하기는 했다. 그 대부분은 습지의 개발을 앞두고 사전 조사를 하거나, 반대로 습지보호구역 지정을 위해 정밀 조사를 할 때였다. 그렇게 남한의 5대강, 한강공원과 금강 유구천과 영산강 수계와 낙동강 생태공원과 섬진강 하구까지, 낙지다리를 살려둔 습지가 아주 드물게나마 존재한다는 것을, 달리 말해 그 습지들은 낙지다리 덕분에 보호받고 있다는 것을 확인할 수 있었다.

낙지다리는 5대강 일대뿐만 아니라 더 많은 습지를 살린 장본인이다. 노무현 전 대통령은 고향 봉하마을에 돌아가서 화포천 일대를 습지보호구역으로 지정해야 한다는 운동을 펼친 바 있다. 하지만 그이의 노력이 실현된 것은 10년이 지난 2017년의 일이다. 화포천은 낙지다리를 비롯하여 다양한 희귀 동식물의 서식지로서 마땅히 보호받아야 한다는 게 그제야 인정되었던 것이다. 유네

스코 생물권보전지역인 전북 고창의 운곡습지와 2017년에 국가습지보호지역으로 지정된 경북 문경의 돌리네습지에서도 낙지다리는 파수꾼으로서 그 공간의 보전 가치를 인정받는 데 큰 몫을 했다. 그래서 나는 강 주변의 습지로 조사를 나갈 때면 낙지다리를 탐색하는 더듬이를 달게 된다. 내게 장착된 그 탐지기가 가장 격렬히 반응했던 장소는 다름 아닌 한반도의 비무장지대다.

2018년 4월, 왕벚나무 꽃이 만개하던 날에 남과 북의 정상이 만나 판문점 선언을 발표했다. 판문점 선언 이행을 위한 주요 사업 중 하나는 비무장지대에서 남측과 북측이 함께 유해를 발굴하겠다는 남북공동유해발굴이었다. 그해 가을에 '9·19 군사분야 남북합의서'를 통해 대상지가 강원도 철원군에 있는 화살머리고지로 정해졌다. 휴전이 얼마 남지 않았던 1953년 7월 초, 중공군은 철원평야를 온전히 차지하기 위하여 화살촉 모양을 한 281미터 고지를 맹렬히 공격했다. 보름 동안 이어진 격전에서 수많은 전사자가 발생했다. 이것이 화살머리고지 전투다. 휴전과 함께 고지는 비무장지대의 내부가 되었고, 그로부터 60년이 넘도록 그 땅에 묻힌 전사자의 유해를 찾을 길은 남과 북 모두에게 꽉 막혀 있었다. 비무장지대 밖에서만 이루어졌던 기존의 유해발굴을 떠올리면, 금단의 지역인 DMZ 내부에서 남과 북이 함께 유해발굴을 한다는 것은 상상조차 할 수 없던 일이었다.

유해발굴에 앞서 선행되어야 하는 작업이 지뢰 제

거와 식물 제거를 통한 수색로 확보다. 하지만 그보다 먼저 거쳐야 하는 과정이 있다. 발굴 대상지에 어떤 종류의 동식물이 살고 있는지를 파악하고 발굴에 따른 인위적인 행위가 그곳의 자연에 어떤 영향을 주는지를 판단하는 일. 그 임무를 맡은 우리 조사단은 그해 가을에 장병들과 함께 화살머리고지에 들어가게 되었다. 총만 들지 않았을 뿐 나 역시 군인들과 같은 복장에 철모를 쓰고 방탄조끼를 단단히 갖춰 입어야 했다.

비무장지대는 우리가 휴전선이라고 부르는 군사분계선을 중심으로 남과 북으로 각각 2킬로미터씩 완충지대로 설정한 공간이다. 그래서 이곳은 한반도의 동고서저東高西低 지형을 얇은 띠 모양으로 축소해놓은 것 같다. 최동단인 강원도 고성에서 출발한 산줄기가 점차 거칠어져 인제와 양구와 화천을 통과하며 1천고지 이상의 높은 산들을 만들다가 철원과 연천을 지나 차츰 완만해지고 마침내 최서단인 파주 임진강에 닿는다.

습지가 눈에 띄게 펼쳐지기 시작하는 곳이 철원의 비무장지대다. 수색 장병들은 20킬로그램이 넘는 보호장비를 두르고 땅속에 묻힌 지뢰를 탐지한다. 그들 뒤를 쫄쫄 따라다니며 검증된 땅만을 디뎌야 했기에 화살머리고지의 식물들을 꼼꼼히 기록하기에는 어느 정도 한계가 있었다. 하지만 철망 너머로 드넓게 펼쳐진 습지의 낙지다리 군락만큼은 정확하게 포착할 수 있었다. 내가 닿을 수 없는 거리에서 그들은 마치 누군가의 넋을 위로하듯,

혹은 대변하듯 유독 붉게 피어 있었다. 그 풍경은 그 후로도 오래도록 내 안에 남아 있다. 우리보다 개발을 덜한 북한의 습지에는 낙지다리가 더 많이 살고 있을 것이다. 기회가 된다면 언젠가 북한의 낙지다리를 꼭 한번 만나고 싶다. 함께 꿈을 꾸었으나 화살머리고지의 공동유해 발굴은 북측의 호응 없이 남측의 단독 사업으로 마무리되었다. 반목과 불신은 지금도 여전히 그 땅에 수많은 유해를 묻어두고 있다.

중국에서 낙지다리는 '수택란水澤蘭' 또는 '차근채撦根菜'라는 이름의 전통 약재로 쓰인다. 중국 남부지방의 소수민족인 묘족은 간 질환을 다스리는 특효약으로 그들 주변에서 널리 자라는 낙지다리를 오랫동안 이용해왔는데, 오늘날 현대의학으로도 그 효능이 입증되어 낙지다리로 신약이나 건강기능식품을 개발하기 위한 연구가 중국뿐 아니라 우리나라에서도 폭넓게 진행되고 있다.

낙지다리가 중국의 전통식물로 자리하게 되었듯이, 우리에게는 주변에서 쉽게 구할 수 있었던 쇠무릎이 그런 역할을 했다. 비름과에 속하는 여러해살이풀로, 한반도를 비롯하여 동아시아 일대에 널리 자라는 쇠무릎은 줄기의 마디가 마치 소의 무릎처럼 툭 불거진 게 외형상 특징이다. 보도블록 틈, 빈집 마당, 쌓아둔 건초더미나 덤불의 가장자리, 가꾸지 않는 밭 둘레 등 심어 기르지 않아도 우리나라 전역 어디서나 알아서 뿌리를 내리고 왕성하게 번식하기 때문에 아주 먼 옛날부터 우리 선

 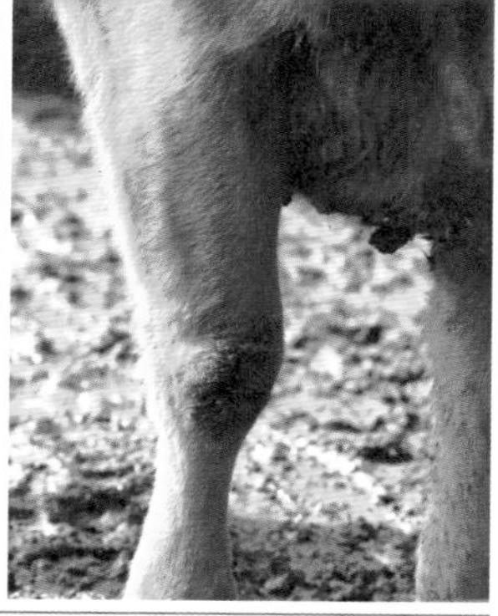

식물 쇠무릎과 실제 소의 무릎 사진. 툭 튀어나온 줄기의 마디가 마치 소의 무릎을 닮았다고 해서 '쇠무릎'이라 부른다. 비름과에 속하는 여러해살이풀로, 한반도를 비롯하여 동아시아 일대에서 널리 자란다.

조들은 이 식물을 살뜰히 이용했다. 그래서 쇠무릎은 우리나라 전통식물로서의 내력으로 따지면 거의 맨 앞에 든다.

우리나라 전통식물의 이용에 대한 연구에 따르면 가장 널리 쓰인 세 식물로 쇠무릎과 익모초와 질경이를 든다. 그들의 공통점은 어느 한 지역에 치우치지 않고 전국 어디서나 잘 자란다는 것과 사람의 몸을 다독이는 약효가 뛰어나다는 것이다. 한방에서 쇠무릎은 한자 이름인 '우슬牛膝'로 통한다. 《동의보감》과 《향약집성방》은 진통 억제, 골격계 강화, 비뇨 질환 치료 등에 우슬을 쓴다고 설명한다. 현대의 약리학적 연구 또한 쇠무릎이 지닌 다양한 효능(면역 증진, 항암과 항염증, 간세포 보호 등)을 밝힌 바 있다. 하지만 민간에서는 '우슬'이 다른 증상보다 관절염의 특효약으로 통하는 것 같다. 아마도 '쇠무릎'이라는 이름이 갖는 어떤 상징적인 요소가 한몫하는 게 아닐까.

먹거리가 다채로워진 지금은 낯선 이야기 같지만, 쇠무릎이 나물로 사랑받던 때가 있었다. 조선 후기 실학자 서유구가 저술한 박물학서 《임원경제지林園經濟志》나 조선시대 종합농서인 《구황방 고문헌집성救荒方古文獻集成》에는 당시 주변에서 얻을 수 있는 재료로 만든 요리 비법 등이 상세하게 기록되어 있는데, 쇠무릎은 여기서 주요 나물로 등장한다. 봄에 수확한 새순을 물에 우려낸 후 데치거나 볶아서 양념을 해서 먹기도 하고, 장아찌를 담가 몸을 보하는 약채藥菜로 먹기도 한다. 할머니가 살아 계실 때만 해도 쇠무릎을 묵나물로 무쳐서 낸 반찬을 밥상에서 만날 수 있었다. '쇠무릎'도 아니고 '우슬'도 아니고 할머니는 꼭 '쇠물팍'이라고 했던 그 나물. 최근 우리 전통 음식을 연구하는 분야에서 약선 요리의 재료로 쇠무릎이 다시금 주목받고 있기도 하다.

이렇게 이로운 쇠무릎이지만, 꽃이 화려하지도 않고 아무 데서나 잡초처럼 자라기 때문에 그들이 길에 무성하게 피어 있어도 일반인은 잘 알아보지 못한다. 번식력은 너무 좋아서 작물을 재배하는 땅에 눈치 없이 침입해 푸대접을 받기도 한다. 그런 쇠무릎이 식물분류학자들 사이에서는 공을 많이 들이는 연구 대상이다. 쇠무릎은 한약재로 거래되기 때문에 그 기준이 되는 분류학적 실체를 더 깐깐하게 밝힐 필요가 있다. 우리나라뿐만 아니라 일본과 중국의 학계에서도 사정은 마찬가지다. 비슷비슷하게 생긴 쇠무릎 사이에서 털이 유난히 많고 꽃의 생김새가 조금 다른 개체들을 '털쇠무릎'이라는 별도의 종으로 구분하여 우리나라에 사는 쇠무릎을 2종으로 인식해야 한다는 견해도 있지만, 그러한 차이는 생육 조건에 따라 들쑥날쑥하게 나타나므로 단일 종으로 봐야 한다는 견해를 따라 일본 식물분류학계와 국내 한의학계에서는 현재 쇠무릎을 1종으로 인식하고 있다.

식물은 주어진 환경에 적응하기 위하여 끊임없이 변화한다. '생존을 위해 극복한다'는 표현이 더 적절한지도 모르겠다. 예를 들어 전보다 건조한 환경이 얼마간 지속되면 그걸 알아차리고 털이 많아지거나 잔뿌리가 발달하는 방식으로 대처한다. 또는 꽃가루받이하러 찾아오는 매개자를 염두에 두고 꽃의 형태나 구조를 조금씩 바꾸기도 한다. 이러한 일련의 과정들이 이어지면 쇠무릎의 경우처럼 같은 종 사이에서도 원래의 모습과는 조금 다른 외형을 지닌 개체가 등장하게 된다. 그렇게 드문드문 나타난 변이개체가 일시적인 현상인지, 또 다른 종으로 나아가는 진화의 단계인지, 전과는 다른 별도의 종으로 완전히 분화한 것인지를 밝히기 위해 식물분류학자들은 집요하게 식물을 추궁한다. 부위별로 외부 형태를 낱낱이 측정하고 글과 그림을 통해 빠짐없이 기록하거나,

자르고 갈라서 외부로 드러나지 않은 해부적 형질을 자세히 들여다보거나, 나노미터 단위의 미세구조를 현미경으로 살피거나, 아예 식물체를 짓이겨 진공의 기계에 넣고 DNA 사슬을 인위적으로 증폭하는 방식으로 유전자 구조를 밝히기도 한다.

그 결과들을 분석해서 종과 종 사이의 거리를 재단하는 일이 식물분류학자의 업이라지만, 자연에서 일어나는 복잡하고도 미묘한 관계와 현상들을 구명하는 일이 가당하기나 한 것인지 때로는 회의와 절망의 감정들이 나를 찾아오기도 한다. 그럴 때면 그 일에서 잠시 벗어나 식물 본연의 모습에 집중한다. 이를테면 낙지의 다리처럼 생긴 낙지다리와 소의 무릎을 닮은 쇠무릎을 그저 가만히 바라보는 것. 그리하여 사랑하는 존재를 있는 그대로 받아들이는 것. 내가 동력을 얻는 가장 완벽한 방법은 그냥 아무 생각 없이 식물을 바라보는 것이다. 이것을 '풀멍'이라고 해야 할까.

실체를 추적하는 식물학자들

묻혀 있던 모차르트의 미발표곡이 피아니스트 조성진의 손끝에서 처음으로 공개되었다. 모차르트의 생일을 기념하여 2021년 1월 27일 모차르트의 고향 잘츠부르크에 있는 모차르테움에서 일어난 일이다. 클래식 음악을 좋아하는 내게는 더없이 반가운 소식이었다.

모차르트는 35년이라는 짧은 생애를 사는 동안 유럽 곳곳을 여행하며 600곡 이상의 많은 작품을 남겼다. 그중 생전에 발표되어 정확하게 기록된 작품은 아주 일부분이다. 그가 세상을 떠난 후 여행지에 흩어져 있던 악보를 찾아서 모으고 연대순으로 정리한 인물은 음악연구가 루트비히 폰 쾨헬이다. 그래서 모차르트의 작품번호 앞에는 반드시 쾨헬번호(K. 또는 KV.)라는 것이 붙는다. 쾨헬은 18세기의 마지막 해에 오스트리아에서 태어나 70여 년을 살고 생을 마쳤다. 젊은 시절의 쾨헬은 자연탐사에 몰두했던 식물학자이자 광물학자였다. 탐사에서 거둔 채집품에 정확한 날짜를 기록하고 종류별로 분류하여 채집번호를 다는 것을 사명처럼 여겼는데, 마찬가지로 모차르트의 작품도 탐사하여 출판 연도를 추정하고 장르별로 분류하여 작품번호를 부여했다.

그 덕분에 도처에 흩어져 있던 모차르트의 작품이 쾨헬의 이름을 따서 K.1부터 K.626까지 단정하게 정리되어 1862년에 목록집으로 출판되었다. 당시 학계의 이목을 집중시키는 획기적인 음악사 연구였다. 쾨헬이 식물학자로 살았던 젊은 시절의 습관은 노년에 그가 음악사에 큰 업적을 남기는 원동력이 되었을 것이다. 이전 세대의 원본 악보를 찾아 작품번호를 붙이고 악보를 해석하고 작곡 의도를 복원하는 일련의 과정은 식물분류학의 일과 놀랍도록 닮았다. 이를테면 전 세계의 식물표본관을 뒤져서 먼 과거에 어느 식물학자가 채집한 식물표본을 찾아내어 채집번호와 친필서명을 확인한 후, 탐사 경로를 복원하고 그때의 식물 목록을 만들어내는 일.

쾨헬보다 더 깊이 식물탐사에 몰두했던 인물로 아델베르트 폰 샤미소가 있다. 낭만파 작곡가들의 음악에 큰 영향을 준 독일 시인이다. 샤미소의 시에 곡을 붙여 슈만은 낭만주의의 정수로 불리는 연가곡 〈여인의 사랑과 생애〉를 탄생시켰다. 프랑스 특유의 음악극 오페레타를 창시한 음악가 오펜바흐 역시 샤미소의 작품 《페터 슐레밀의 기이한 이야기》의 주인공 슐레밀을 오페라 〈호프만의 이야기〉 3막에 조연으로 등장시킨다. 작곡가

퀴헬(왼쪽)과 샤미소(오른쪽). 퀴헬이 식물학자로 살았던 젊은 시절의 습관은 노년에 그가 음악사에 큰 업적을 남기는 원동력이 되었을 것이다. 샤미소는 퀴헬보다 더 깊이 식물탐사에 몰두했던 인물이다.

들이 선택한 샤미소의 시와 소설도 좋지만, 나는 그가 식물학자로서 탐사선에 올라 기록한 기행문《로만조프 탐험대와 함께한 세계여행A Voyage Around the World With the Romanzov Exploring Expedition》을 가장 좋아한다. 1836년에 출판된 그 탐험기는 세계적으로 기행문학의 고전처럼 여겨지는데, 내게는 마치 살아 있는 식물탐사 학습서 같다.

1815년 러시아 백작 니콜라이 루먄체프의 지원으로 꾸려진 과학 탐험선 루리크호에 샤미소는 식물학자로서 몸을 싣는다. 미지의 땅에서 발견되는 새로운 식물을 채집하고 기록하기 위해서였다. 원정은 3년에 걸쳐 남미의 최남단 케이프 혼과 태평양의 하와이를 지나 베링해를 통과하는 대항해였다. 탐험선이 처음 발견한 알래스카의 코체부 사운드 지역의 샤미소섬은 항해를 이끈 선장 오토 폰 코체부와 샤미소의 이름을 딴 것이다. 탐사를 통해 샤미소는 약 1,000여 종의 새로운 식물을 발견하여 기록했다. 그는 약 2,500종의 식물을 수집했다고 원정대의 첫 보고서에 기록했는데, 그중 절반 이상은 정확한 종의 정보가 밝혀지지 않은 채 그의 채집상자에 보관되어 지금도 식물학자들의 연구 대상이 되고 있다.

샤미소는 하와이 제도의 토착식물을 연구한 최초의 식물학자이기도 하다. 그가 하와이에서 처음 발견하여 기록한 낯선 섬 식물은 후대에 이르러서야 정확한 실체가 밝혀졌다. 발견 당시 그가 커피의 일종일 것이라 기록한 하와이의 토착식물은 식물학자들 사이에서도 오랫동안 논란의 대상이었다. 생김새의 차이만으로 구분하는 과거의 연구 방식에는 한계가 있었기 때문이다. 20세기 후반에 DNA 염기서열을 비교하는 연구 기법이 도입되고서야 그간의 논란이 정리되었다. 커피*Coffea*와 형태는 유사하지만 서로 다른 유전자 배열을 지닌 별개의 혈통인 사이코트리아속*Psychotria* 식물이라는 것. 샤미소가 발견한 그 하와이 토착식물은 커피를 닮은 생김새 때문에 지금도 '야생커피wild coffee'로 불린다.

새로운 종을 기록할 때는 반드시 증거표본이 제시되어야 한다. 탐사에서 식물학자들이 식물 채집에 열을 올리는 것도 그 때문이다. 샤미소가 야생커피를 기록할 당시 그가 채집한 증거표본은 탐험선이 회귀한 후 러시

사이코트리아 마리니아나*Psychotria mariana*. 1817년 하와이에 도착한 샤미소가 발견했다. 당시 그는 이 낯선 하와이의 토착식물이 커피의 한 종류일 거라 생각하고 그 이름을 기록했다. 후대에 이르러서야 이 식물의 정확한 실체가 밝혀졌다.(사진: 세계생물다양성정보기구)

아 상트페테르부르크의 표본관에 보관되었다. 샤미소가 발표한 신종은 그가 세상을 떠난 후에도 좀처럼 이견이 정리되지 않은 채 후대 학자들의 연구 대상이 되었고, 그 증거표본은 유럽 각국을 오가며 여러 식물학자들의 손을 거치게 된다. 그러던 중에 제2차 세계대전이 일어나 증거표본은 그야말로 완벽하게 사라졌다. 전쟁과 화재에 대비하여 식물학자들은 표본이 될 식물을 두어 점 더 넉넉하게 채집하여 '중복표본'을 만든다. 다행히도 샤미소 역시 개인 채집상자에 야생커피의 중복표본을 남겨두었는데, 그 사실은 불과 몇 년 전에 확인되었다. 오스트리아 빈 자연사박물관 표본실의 식물학자 안드레아스 버거 박사가 흩어져 있던 샤미소의 채집품을 모으고 정리하던 중에 1817년에 채집된 그 증거표본을 비로소 발견한 것이다. 그는 샤미소의 채집번호와 행적, 탐사기록을 추적하여 증거표본이 진품이라는 결과를 2018년 논문으로 발표하였다. 샤미소가 남긴 또 다른 표본이 마침내 발견되었기에, 그가 또박또박 기록한 채집일기가 안전하게 보존되어 있었기에, 일찍이 그의 기행문이 출간되어 있었기에 가능했던 일이다.

샤미소는 프랑스 혁명으로 독일에 망명한 이방인이었다. 식물학적 연구 성과가 좋지 않던 시기에 극도로 불안을 느꼈던 그는 자신의 내면을 묘사한 소설《페터 슐레밀의 기이한 이야기》를 쓴다. 소설은 출간되자마자 호평을 받으며《그림자를 판 사나이》라는 제목으로 널리 번역되기도 했다. 그 덕분에 식물학자 샤미소는 탐험선 루리크호에 오를 수 있었다. 3년의 항해를 끝내고 그는 커다란 채집상자를 전리품처럼 들고 귀국한다. 공로를 인정받아 과학 분야의 명예박사 학위를 얻고 곧장 베를린 식물원의 학예사로 임명되어 식물표본실에서 식물학자로 자신의 연구를 이어갔다. 탐험에서 익힌 하와이 원주민 언어를 바탕으로 민속학에 관심을 두기도 했고, 작가로서 인기와 명성도 얻었다. 그의 행로를 이렇게 해석할 수도 있을 것 같다. 방황 속에 '그림자를 판 사나이'가 오지를 탐험하고 제자리에 돌아와서야 자신을 마주하고 마침내 삶의 안식을 얻은 것이라고 말이다.

피아니스트 조성진의 초연으로 세상에 알려진 모차르트의 미발표곡에는 'K.626b/16'이라는 번호가 붙었다. 쾨헬번호 기준으로 모차르트의 마지막 작품인 K.626 〈레퀴엠〉을 잇는 번호다. 모차르트가 남긴 42개의 스케치를 묶어 K.626b라고 하는데, 그 가운데 16번째 곡이라는 뜻이다. 작곡가는 떠난 지 오래고 악보만 남은 그 곡은 젊은 연주자의 손끝에서 아름답게 되살아났다. 음의 경쾌한 흐름은 입춘 무렵 도도록도도록 부푸는 키버들 꽃눈 같다.

그날의 연주 영상을 돌려보며 나는 채집번호 '2307'이 손글씨로 적힌 1915년 8월의 식물표본을 확인한다. 일제강점기에 한반도를 휘젓고 다니며 식물 연구를 한 나카이 다케노신의 채집품 중 북한에서 수집되어 그의 이름으로 세상에 알려진 검팽나무의 증거표본이다. 이 표본을 근거로 1930년 나카이는 검팽나무를 조선 토착식물로 학계에 발표하였다. 하지만 그 생김새와 사는 환경 전부가 그 이전에 발표된 풍게나무와 매우 비슷해서 학자들 사이에 이견이 분분하다.

'검팽나무와 풍게나무는 서로 다른 종이다.'

'아니다. 훨씬 이전에 이미 발표된 바 있는 풍게나무와 동일한 종인데, 생김새가 조금 별난 변이개체를 증거표본으로 만들고 검팽나무라는 새로운 이름으로 발표한 것이니, 별도의 종으로 구분하지 말고 풍게나무로 받아들여야 한다.'

이 같은 논쟁은 한 세기가 넘도록 정리되지 못했다. 샤미소가 남긴 증거표본을 후대의 식물학자들이 골똘히 연구했듯이, 100여 년 전 채집된 표본에서 나는 검팽나무의 실체를 촘촘히 추적하는 중이다. 갓 얻은 DNA 분석 결과도 나의 길에 힘을 실어준다. 검팽나무와 풍게나무 사이의 거리를 재단하는 이 일로부터 머지않아 꽃눈같이 해사한 선율이 번져나갈 것 같다.•

• 오랜 시간 겨누었던 검팽나무의 분류학적 실체는 필자의 논문을 통해 풍게나무와 동일한 종으로 정리되었다. 이 경우 검팽나무는 풍게나무의 이명(synonym)이 된다. 검팽나무가 풍게나무와 같은 종이라는 가장 중요한 단서는 씨앗을 싸고 있는 내과피의 형태에 있었다. 그 모양이 서로 다르지 않았던 것이다. DNA 염기서열의 배열 또한 이들은 서로 같은 종이라고 말하고 있었다. 이러한 실마리를 토대로 해부학적 형태를 역추적한 결과 과거 나카이가 제시했던 형태적 차이는 겉으로 드러난 변이일 뿐, 두 종을 구분할 과학적 근거는 부족하다는 것을 밝힐 수 있었다.

식물수업

남들 앞에 서는 일이 내게는 어렵다. 어렸을 적부터 그랬다. 얼굴을 마주하는 것보다는 글로 전하는 방법을 선택하는 편이다. 그래서 강의를 제안받으면 곰곰이 생각하는 시간이 남들보다 길다. 거창한 강의도 아닌데 말이다.

내 뜻과 달리 식물수업 요청을 거부할 수 없는 경우가 생긴다. 대학원 시절 학부생 수업 조교를 할 때가 그랬다. 대학에서 지도교수를 도와서 하는 수업 조교는 의례적으로 대학원생의 몫이다. 특히 식물분류학 분야에서는 '식물야외실습', '식물계통학실험'과 같은 생물학과의 전공과목을 수업 조교가 일부 책임져야 한다. 나는 수업 시간에 학부생들에게 계절별로 출현하는 식물을 알려줬고, 식물 엽록체에서 DNA를 추출하는 방법 등을 설명해야 했다. 식물이 재밌어졌다는 내용이 담긴 쪽지를 몇몇 학부생들로부터 받았다. 개인적으로는 사람들과 소통하는 법을 조금씩 익히는 계기가 되어준 수업이다.

식물수업은 내가 일하는 수목원에서도 이어졌다. 수목원에는 학부생을 대상으로 하는 '수목원 전문가 연수과정'이 있다. 관련 전공의 학부생들이 신청할 수 있는데, 길게는 10개월부터 짧게는 한 달 정도 이어지는 과정이다. 이 연수를 통해 생물학과, 산림자원학과, 조경학과, 원예학과 등 다양한 전공의 학부생들이 '식물'과 '수목원에서 일어나는 일'에 대해 학습하고 경험을 쌓는다.

지금 일하는 국립백두대간수목원에 오기 전에 있었던 DMZ자생식물원에서의 연수과정은 학생들에게도 내게도 조금 특별했다. 민간인 통제선 이북에 위치한 식물원의 특성상 출퇴근이 불가능한 곳이라 연수생들이 식물원 직원들과 관사 생활을 함께해야 했던 것이다. 그렇게 서울여대 원예생명조경학과(학과 이름이 통합되는 것이 요즘 대학의 분위기인 것 같다) 학부생 두 명이 연수과정을 밟으러 강원도 양구군 해안면 민통선 마을의 식물원에 도착했다. 당시 식물원 전체에 여직원은 나 혼자였고 여러 부수적인 이유에서 두 친구의 연수과정을 내가 책임지게 되었다. 계절은 겨울, 초록의 식물을 만나기보다는 실내 수업이 주를 이루었다. 그들과 함께 쌓인 눈을 치워야 하는 날들도 많았다. 강원도의 최북단 마을에서 눈을 치우는 일은 계절을 받아들이는 방법이다. '식물분류학의 이해', '식물 채집과 표본의 중요성'과 같은 지극히 내 위주의 수업들로 하루하루를 채워나갔다. 다행히 그들이 재밌어했다. 그들에게 흥미를 안내하고 있다는 느낌이 들어 나도 정말 좋았다. 수업이 막바지에 다다랐을 때 그들은 이미 식물의 중요성을 완전히 이해하고 있었다. 내 수업은 그게 다였다. 연수과정을 마치고 한 친구는 다른 대학의 생물학과 식물분류학 연구실에 진학했고, 또 다른 친구는 뉴욕에 있는 브루클린 식물원에서 연수과정을 몇 해째 이어가고 있다. 한반도와 위도가 비슷하여 식물원의 눈을 치우는 일은 그곳에서도 정말 중요하다는 소식을 들을 수 있었다. 내심 뿌듯했다. 그 후로 세 차례에 걸쳐 10여 명의 연수생들이 식물원을 다녀갔다. 안타깝게도 DMZ자생식물원은 더 이상 연수생 프로그램을 운영하지 않는다. 내가 그곳을 떠나온 후의 일이다.

'바이오블리츠'는 주기적으로 이어지고 있는 나의 식물수업이다. '생물다양성 탐사대작전'이라고 번역되기도 하는 이 행사는 생물 분야의 전문가들과 아마추어, 일반인이 함께 모여 24시간 내에 확인할 수 있는 모든 생물종을 찾아내는 과학 참여 활동이다. 1996년 미국 워싱턴D.C.의 케닐워스 아쿠틱 가든Kenilworth Aquatic Gardens에서 지리학과 생물학 분야의 연구진들에 의해 처음 시작되었다. 미국 내셔널 지오그래픽 협회에서 '내셔널 바이오블리츠' 프로그램을 운영하면서 큰 호응을 얻게 되었고, 지금은 다양한 국가에서 자발적으로 운영하고 있다. 우리나라에서도 국립수목원과 한국식물원수목원협회에서 주관하여 2010년 국립백두대간수목원에서 처음 시작된 이래 해마다 특정 지역을 대상으로 열리고 있다. 특히 2014년 서울숲에서 열렸던 바이오블리츠가 큰 인기를 얻어 그 이듬해부터 서울시는 '바이오블리츠 서울'을 별도로 개최하고 있다.

바이오블리츠 참가자들은 주로 동적인 생물에 큰 관심을 보인다. 곤충채집이나 새벽에 진행되는 조류탐사는 인기가 많은 편이다. 그에 비해 정적인 식물탐사는 바이오블리츠에서도 마이너 영역이다. 내가 해온 일이 늘 그랬다.

내가 자란 시골마을은 칠원 제諸 씨 집성촌이었다. 우리집과 작은할아버지댁을 제외하면 주민 대부분이 제씨인 마을. 나는 그렇게 소수의 삶을 일찍이 경험했다. 너나없는 여고 시절, 고3 수험생들에게 진학상담은 무엇보다도 중요했다. 희망하는 대학과 학과명을 정해놓고 진학상담실을 찾아온 학생은 내가 유일했다고 당시 담당 선생님께서 말씀하셨다. 다행히 원하는 대학의 학부에 입학할 수 있었는데, 내가 다녔던 대학의 학과 학부생들에게 연구실 입문은 필수였다. 나는 눈여겨 본 목재조직학 연구실에 찾아가 그 연구실의 일원이 되었다. 목재조직학 연구가 쇠퇴하고, 새롭게 주목받던 목재가공이나 신소재 연구실로 대부분의 학생들이 등을 돌릴 무렵이었다. 더 나아가 학부를 졸업하고 나처럼 다른 학과로 대학원을 정하는 일은 드물었고, 생물학과에서 동물이 아닌 식물을 선택하는 경우는 정말 소수였다. 식물을 선택한 이들 중에 '식물분류학'을 전공하는 이는 소수 중의 극소수였다.

나는 소수의 영역이 좋다. 바이오블리츠 식물수업은 그래서 해마다 기꺼이 한다. 식물을 선택한 소수의 그들과 24시간을 은밀히 보낼 수 있기 때문이다. 기본적으로 그들은 식물을 좋아해서 몸소 찾아온 이들이다. 함께 식물을 찾아 헤매고, 찾아낸 식물에 대해 학습하고 기록한다. 현장에서 바로 써먹을 수 있는 나만의 식물 구분법을 대방출하는 날도 1년에 딱 한 번, 이때다. 식물탐사를 선택한 참가자들은 주로 가족 단위다. 아이들보다는 부모의 관심이 높은 편이다. 2016년에는 강원도 양구군 해안면 일대에서 바이오블리츠가 열렸다. 나는 DMZ자생식물원에서 북방계 식물에 대한 강의를 했다. 식물수업이 끝나자 엄마 손을 잡고 한 학생이 다가왔다. 학생보다는 엄마의 관심이겠거니 생각했다. 그런데 내 생각과 달리 그 학생은 몇 차례 더 나를 찾아와 식물학 분야에 대해 제법 진지한 질문을 쏟아내고 갔다. 얼마 전 그 아이가 서울에 있는 대학의 산림자원학과에 진학했다는 소식을 전해왔다. 나처럼 식물학을 전공해서 식물원에서 일하고 싶다는 속마음을 비추었다. 나를 '선생님'이라고 불렀다.

'숲해설가', '산림치유지도사', '나무의사' 등을 양성하는 여러 기관에서 요청하는 수업이 많아졌고, 일반인과 전문가를 위한 식물수업을 해줄 수 있겠냐는 연락도 최근 부쩍 잦아졌다. 내 소중한 소수의 영역, 식물에 대한 관심이 늘고 있다는 것을 체감하는 요즘이다. 강의 제안은 부득이한 경우가 아니면 거절하거나 같은 학문을 하는 선후배들에게 넘긴다. 남들 앞에 서는 일을 극복하기가 여전히 힘들어서다.

오래전에 아껴 했던 식물수업이 하나 있다. 좋은 것은 권하는 편이라 여덟 살 터울의 동생에게 언니가 하는 학문을 알려주고 싶어서 했던 식물수업이다. 그녀가 중학생이 되었을 때부터 숲에 자주 데리고 다녔다. 같이 식물을 만났다. 식물분류학은 고대 그리스 철학에서 기인했고, 끊임없이 탐구하고 사유할 수 있는 영역이며 무엇보다도 '겸손'이라는 덕목을 배우는 학문이라고 동생에게 소개했다. 식물이 사라지면 인간도 멸할 것이라고 말할 때는 애써 단호한 표정을 지어 보이기도 했다. 그렇게 식물수업은 몇 해 동안 이어졌다. 언니의 말을 새겨듣던 동생은 진지하게 철학과로 가버렸다. 그것도 좋았다. 나의 안내가 어느 정도는 먹힌 거니까.

2 —— 초록의 전략

겨울눈, 나무의 심장

경칩과 춘분의 중간쯤 되는 날 정오에 외씨버선길을 걷는다. 청송에서 시작해서 영양과 봉화를 거쳐 영월에서 끝나는 이 길은 전체를 이은 모양이 외씨버선을 닮았다. 태양이 지구를 비추는 시간을 식물은 동물보다 더 빨리 체감한다. 숲길에서 만난 나무의 겨울눈이 전보다 부풀었다. 밤보다 낮이 길어질 날이 며칠 남지 않았다는 신호다.

나는 겨울눈이 나무의 심장이라고 생각한다. 겨울눈은 생명이 나무의 뿌리 깊은 곳에서부터 쉼 없이 박동하고 있다는 증거다. 뼈와 근육과 혈관을 켜켜이 쌓아 심부를 단단히 지키는 저 유기적 결합체를 달리 무어라 말해야 할까.

나무의 눈은 분열하고 발달하여 장차 잎이나 꽃이 되는, 한 식물체의 기원과 같은 기관이다. 그래서 식물의 눈을 말하는 한자 '아芽'는 '시초'나 '시작'이라는 뜻으

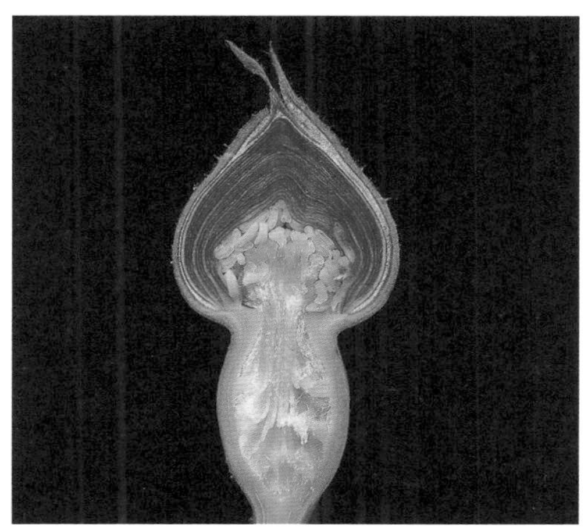

장미 꽃눈 단면. 겨울꽃눈 안에 이미 꽃의 형태가 갖추어져 있다.(사진: Frank Vincentz, CC BY-SA 3.0)

로도 사용된다. '잎'이라는 삶으로 뚜벅뚜벅 나아갈 눈을 '잎눈' 또는 '엽아葉芽'라 말하고 꽃의 길을 사뿐사뿐 걸어갈 눈을 '꽃눈' 또는 '화아花芽'라고 한다. 꽃을 품은 꽃눈이 잎눈보다 훨씬 크다. 이것은 잎보다 꽃이 퍽이나 복잡한 구조를 지녔다는 사실에서 유추해볼 수 있다. 꽃눈을 반듯하게 잘라서 그 단면을 보면 이미 꽃의 형태가 차곡차곡 접혀서 그 안에 다 들어 있다.

낮과 밤의 길이가 똑같아지는 춘분 무렵은 겨울눈을 관찰하기에 더할 나위 없이 좋은 시기다. 개화가 빨라서 올되기로 유명한 올괴불나무는 목하 꽃눈을 틔울 기세다. 귀룽나무는 다른 나무의 겨울눈이 다 자고 있을 때

회잎나무의 복와상 겨울눈. 눈비늘 배색이 양면색종이로 접은 돛단배처럼 절묘하다.

부터 새순을 부지런히 만들어 이미 연둣빛을 내걸고 있다. 당단풍나무 겨울눈은 만년필 촉만큼 뾰족해졌고, 회잎나무의 겨울눈은 양면색종이로 접은 돛단배처럼 배색이 절묘하다.

나무의 눈은 혹독한 환경을 무사히 견디기 위해 그들이 선택한 생존 전략이다. 겨울이라는 고비를 아무 탈 없이 통과하기 위하여 나무는 일찍부터 눈을 만드는 일에 힘을 쏟는다. 겨울눈을 안전하게 만들고 나서야 비로소 낙엽의 시절에 든다는 사실은 흘낏 보아서는 절대로 확인할 수 없다. 꽃이 지고 열매도 다 맺고 난 이후의 시간까지 나무를 유심히 살펴야만 알 수 있다.

눈은 '눈비늘'(아린芽鱗)이라는 겹겹의 장치로 보호받는다. 눈비늘과 잎의 기원은 같다. 나무는 잎을 만들 때 필요한 최소한의 에너지를 최대한 능률적으로 사용하고, 그 일부를 모두 비축해두었다가 잎의 변형기관인 눈비늘을 만드는 일에 쓴다. 눈비늘은 생명과 직결되는 특수한 기관이기 때문에 보통의 잎보다 나무 자신에게는 더 든든한 존재다. 눈을 안전하게 보호하기 위하여 눈비늘은 잎보다 매우 질기고 야무지게 설계되어 있다. 그 재질은 잎과 나무껍질의 중간 정도로 제법 딱딱한 편이다. 외부의 극한 환경을 차단하기 위하여 표면에는 스스로 왁스를 입혀서 방수 기능도 갖추었다. 겨우내 닥칠 추위와 폭설과 건조한 바람과 미지의 감염으로부터 나무를 반드시 지켜내고야 말겠다는 결의로 무장한 나무의 눈.

눈비늘이 가지런히 겹쳐 있는 모습이 우리가 보는 겨울눈의 전형적인 형태다. 그 모양은 기왓장 여러 장이 포개진 모양이 있는가 하면, 족집게가 맞물린 것처럼 눈비늘 두 장이 마주 보는 형상도 있다. 한자어로 전자는 '복와상覆瓦狀', 후자는 '섭합상鑷合狀'이라고 한다. 모두 일본식 한자 표기다. 단풍나무류나 팽나무류처럼 기왓장 모양을 한 겨울눈이 대체로 우리 주변에서 눈에 익은 편이다. 겹겹의 복와상 눈비늘은 색깔도 다채롭다. 이보다 더 친숙한 것은 백목련 겨울눈이다. 꽃눈이 먹에 젖은 붓을 닮았다 하여 목련은 '목필木筆'이라고도 불린다. 목련 꽃눈의 눈비늘은 두 장이 맞대어 빚은 섭합鑷合의 겨울눈이다.

수종에 따라서 눈비늘 없이 아예 겨울눈을 드러내놓기도 하는데 이를 '나아裸芽'라고 한다. 눈비늘을 만드는 일이 생산적이지 않다고 판단할 경우 어떤 종은 털이 그 역할을 대신하는 방식으로 환경에 적응하게 되었다. 그 대표 수종이 물들메나무다.

물들메나무와 들메나무는 삵과 고양이의 관계처럼 같은 혈통의 서로 다른 종으로 비슷하게 생겨서 헷갈리기 쉽다. 물들메나무는 경북의 가야산을 북방한계지로 긋고 그 이남에 자라는 우리나라 고유종이고, 들메나무는 그 한계선으로부터 이북에 자라는 북방계 식물이다. 사는 환경은 뚜렷하게 구분이 되지만 그들 줄기와 잎과 꽃의 형태는 너무 닮아서 언뜻 봐서는 분간이 안 간다. 이를 정확하게 구분해주는 것이 바로 겨울눈이다. 물들메나무는 눈비늘이 한 장도 없이 나출된 나아를, 들메나무는 눈비늘 두 장이 감싸고 있는 섭합의 겨울눈을 가졌기 때문이다. 이렇게 종과 종을 구분해주는 형태적 특징을 식물분류학 용어로 '식별형질diagnostic characters'이라고 한다. 식물분류학자는 모든 식물을 계통에 따라 정확하게 '식별'하는 그 '형질'을 찾기 위해 산과 들과 강과 연구실에서 날마다 고투한다.

겨울눈 바로 밑에는 얼마 전까지 달려 있던 잎의 흔적이 있다. 이를 '잎자국'(엽흔葉痕)이라고 한다. 잎과 줄기를 연결하는 고리가 '잎자루'니까 엄밀히 말하면 잎자루

좀풍게나무 겨울눈과 잎자국. 겨울눈을 고깔 비니처럼 쓰고서 예쁘게 웃는 모습이다. 관다발 배열의 단면이 반짝이는 두 눈과 배시시 웃는 입을 만든 것이다.

가 떨어진 자국이다. 사시나무를 포함한 포플러류는 잎자루가 유독 길어서 얕은 바람에도 '사시나무 떨듯' 잎을 나부끼게 된다. 그러니까 낙엽이라는 것은 나무가 줄기에서 잎을 자루째 떼어내는 일인 것이다. 잎자루는 나무몸체의 일부이므로 떨어져 나간 줄기에는 상처가 생기기 마련이다. 그러면 나무는 코르크처럼 딱딱한 딱지를 만들어 생채기 부위를 덮는 방식으로 외부로부터의 감염을 막는다. 찢겨나간 세포들이 봉합되어 잎이 떨어져나간 자리는 차츰 아문다. 그 상흔이 잎자국이다. 잎이 떨어진 자리에는 나무의 혈관과도 같은 관다발의 단면이 드러나는데, 나무 종류에 따라 그 단면의 모양과 색깔이 각양각

색이다. 그래서 잎자국 모양을 살펴서 나무의 종류를 맞히기도 한다. 잎자국이 웃는 얼굴을 하고 있으면 팽나무류다. 그중에서도 좀풍게나무의 잎자국은 눈에 오래 담아두고 싶다.

겨울눈은 그 위치에 따라 서로 다른 이름이 붙는다. 가장 꼭대기에서 부푸는 눈을 '끝눈'(정아頂芽), 가지의 측면에서 쏙 하고 나오는 눈을 '곁눈'(측아側芽)이라 한다. 또 잎겨드랑이에 돋는 눈을 '겨드랑이눈'(액아腋芽)이라고 한다. 저마다의 위치에서 눈들은 꽃눈이 되기도 하고 잎눈이 되기도 하는데, 빵긋하게 부풀면 꽃눈이고 홀쭉하게 나오면 잎눈이다.

끝눈에 대한 어린 날의 기억이 있다. 아버지는 나무를 가꾸는 일을 취미 삼아 하셨는데 매난국죽과 소나무를 특히 사랑해서 봄에는 매화를, 가을에는 국화를, 또 계절 없이 대나무와 소나무를 가꾸셨다. 아버지는 어린 내게 나무를 정성껏 돌보는 법을 자세히 알려주었다. 소나무 전정을 하는 날이면 특히 진지해지곤 하셨는데, 끝눈을 잘 지켜야 나무가 무럭무럭 자랄 수 있다며 끝눈이 다치지 않게 가위질을 해보라고 시켰다. 끝눈이 무언지 몰라서 물끄러미 소나무의 푸른 바늘잎만 보고 있을 때, 아버지는 내 오른손을 포개어 잡고서 검지를 세워 이끈 다음 나뭇가지의 가장 끝 지점을 짚고 또 다른 가지의 끝을 이어 짚으며 포물선을 만들었다. 그때의 나는 그래서 소나무의 초록 끝들이 모인 선을 끝눈이라고 여겼었다.

끝눈은 그 옆에 바짝 붙어 자라는 곁눈의 성장을 견제한다. 이것은 나무의 본능이다. 예전에 맏이 하나 잘 키워 집안을 일으키겠다는 기대가 둘째와 셋째의 대학진학 포기로 이어졌던 것처럼, 나무는 발생의 원천이 머무는 가지의 끝눈만을 간택하고 곁눈의 생장은 의도적으로 억제한다. '옥신auxin'이라는 호르몬을 분비해서 끝눈 주변의 곁눈이 커지는 것을 막아내는 서슬 푸른 생존 본능. 끝눈에 바짝 붙은 곁눈은 옥신의 신호를 받고 생장이 멈추는 휴면에 들어가지만, 끝눈에서 멀리 떨어진 곁눈은 역설적으로 양분을 얻어 잎을 틔우거나 꽃을 피우게 된다. 이처럼 나무의 끝눈이 가진 신비한 권력을 식물학에서는 '정단우세頂端優勢, apical dominance'라고 한다. 이로써 나무는 삼각형 형태의 균형을 얻는다. 크리스마스 트리를 떠올리면 알 수 있듯이 나무의 형상은 보통 삼각꼴이다. 정단우세는 나무가 삼각의 모양을 갖춤으로써 태양이 보낸 빛을 가장 많이 받을 수 있도록 진화한 자연 적응 현상의 하나다.

똑똑 따먹기 좋은 위치에 놓인 나무의 끝눈은 이른 봄에 동물들이 좋아하는 먹잇감이다. 거센 바람과 폭우도 뾰족하게 솟은 끝눈을 없앨 수 있다. 끝눈이 훼손될 경우 나무는 곁눈을 깨우기도 한다. 어떤 이유에서 끝눈이 사라지면 곁눈은 휴면에서 깨어 잎을 내고 꽃을 피워 이내 끝눈의 자리를 대신한다. 과수원에 있는 사과나무나 복숭아나무를 생각해보라. 농부의 손이 닿을 수 있는 높이만큼만 자라도록 관리되는 과수원의 나무들은 끝눈을 제거하고 곁눈의 생장을 촉진한 결과다. 위로 자랄 힘을 차단하여 가지의 양 끝으로 그 힘을 보내는 원리다. 수박과 오이와 참외와 같은 박과 채소의 끝눈을 잘라주면 곁눈이 왕성하게 자라는데, 그러면 작물은 더 많은 열매를 달 수 있다. 그러니까 곁눈은 생장을 멈춘 것이 아니라 끝눈의 생장을 신중하게 지켜보며 자신의 발생을 보류한 상태인 것이다. 끝눈이 여력을 다했다고 판단할 때 비로소 나무는 곁눈을 틔운다. 끝눈의 부재가 곁눈의 태동을 이끄는 것처럼, 어쩌면 아버지는 나에게 자신의 임무를 위임한 것인지도 모르겠다. 산과 들의 식물들이 자신을 지키며 살아갈 수 있도록 돌보는 일 말이다.

수국의 시간

5월이 장미의 시간이라면 6월은 수국의 시간이다. 6월이면 곳곳에서 수국 꽃소식이 안부처럼 오고 간다. 우리 선조들은 수국을 '수구繡球, 繡毬'라고 기록했다. 자수를 놓은 것처럼 아름다운 꽃이 둥글게 핀다는 뜻이다. 정약용의 《여유당전서與猶堂全書》와 박지원의 《열하일기熱河日記》에도, 조선 후기의 사물을 기록한 유희의 《물명고物名攷》에도 수국이 아니라 '수구'라고 쓰여 있다. 그랬던 것이 일제강점기를 통과하며 식물명을 정리하던 시기에 일본 이름을 따라 '수국水菊'으로 부르게 되었다. 그 이름처럼 물을 좋아하는 식물이다.

원산지가 일본인 수국은 우리 땅에서 저절로 자라는 자생식물이 아니다. 일찍이 일본에서 다양한 수국 품종이 개발되어 우리나라 남부지방을 비롯하여 북반구 전역에 정착하게 되었다. 자신이 자라는 환경을 깐깐하게 따지지 않고 무던하게 뿌리를 내어 금세 몸집을 불리기 때문에 수국은 예부터 정원식물로 신뢰를 얻었다. 무엇보다도 꽃이 풍성하고 변색의 묘술을 부려 보는 이로 하여금 지루할 틈을 주지 않는다. 이게 다 그들 몸에 알알이 축적된 생존 전략 덕분이다.

수국은 꽃의 역할을 안배할 줄 안다. 생식에 관여하는 참꽃과 곤충을 유인하는 장식꽃으로 임무를 분담해 놓은 것이다. 둥근 꽃차례의 가장자리에 핀 큰 꽃은 꽃받침으로 치장한 장식꽃으로, 꽃가루받이를 유인하는 임무를 맡았다. 씨앗을 맺는 진짜 꽃은 가운데에 꾸밈없이 다글다글 모여 있다. 생명을 잉태하기 위하여 선택한 지혜로운 전략이다. 이로써 비단에 수를 놓은 듯한 그 둥글고 고운 꽃이 전체적으로 완성된다. 하지만 인간은 그들의 생식 기능을 아예 없애고 장식화만 달리는 원예 품종을 만들기도 했다. 자연의 뜻을 거스른 채 더욱 화려한 꽃을 보기 위해서다.

수국은 흙과 소통하며 스스로 꽃 색깔을 바꿀 줄 안다. 이것이 그들이 선택한 두 번째 전략이다. 수국은 토양의 산도에 따라 꽃 색깔이 변하기 때문에 꽃을 보면 그 땅을 알 수 있다. 산도를 측정하는 리트머스 용지는 산성에 붉은색, 염기성에 푸른색, 중성에 보라색으로 반응한다고 과학 시간에 배우는데, 수국은 정반대다. 푸른 꽃이 피면 산성 토양, 붉은 꽃이 피면 염기성 토양이다. 식물체 내에서 그 표식의 역할을 '안토시아닌anthocyanin'이 담당하기 때문이다. 안토시아닌은 본래 식물체의 붉은색을 결정하는 역할을 한다. 산성의 땅에는 수국이 흡수할 수 있는 알루미늄 성분이 많은데, 수국의 체내에 알루미늄이 둥둥 떠다니다가 안토시아닌을 만나 결합하게 되면 안토시아닌 본래의 붉은색이 변형되어 푸른색이 꽃에 발현되는 것이다. 반대로 염기성의 땅에는 흡수하고 남을 만한 알루미늄 성분이 없어서 체내의 안토시아닌이 별도의 결합 없이 본연의 붉은색을 꽃에 드러내게 된다. 가을에 드는 붉은 단풍도 같은 원리다. 양분 흡수가 차단되어 더는 초록의 엽록소를 생산하지 않으므로 안토시아닌 본래의 붉은색이 잎에 드러나는 것이다. 토양에 대한 수국의 반응은 그 땅에 사는 곤충과도 연결되어 있다. 산성 땅에 사는 곤충이 좋아하는 푸른색을, 염기성 땅에 사는 곤충이 좋아하는 붉은색을 몸에 입혀서 꽃가루받이에 성공하겠다는 수국의 치밀한 전략이다.

토양에 따라 꽃의 색깔이 다채로워서 수국은 팔색조의 꽃, '팔선화八仙花'로도 불린다. 원산지인 일본에서는 진분홍 꽃이 보편적이라 '자양화紫陽花'라 부르기도 한다. 수국의 이런 특성을 이용하면 원하는 꽃의 색깔을 얻을 수 있다. 푸른 수국을 보고 싶다면 피트모스나 이끼 거름을 덮어주어 흙의 산도를 높이면 된다. 거기다가 물을 충분히 주면 알루미늄 성분이 더 많이 녹아서 수국의 알루미늄 섭취를 도울 수 있다. 붉은 꽃을 보고 싶다면 반대로 흙의 염기성을 높이고 수국의 알루미늄 섭취를 낮추면 된다. 석회질이 섞인 알칼리성 토양을 덮어주어 염기성

흙을 만들거나, 인산의 비율이 높은 비료를 주어 수국이 흡수할 수 있는 알루미늄을 인산에게 넘기는 방법 등이 있다. 흙을 배합하는 요령에 따라서 하늘색, 보라색, 도브 그레이, 코발트블루 등 다양한 색을 기대할 수 있다는 점이 수국 기르는 일의 묘미일 것이다.

요즘 공원과 정원에 즐겨 심는 나무수국은 중국과 일본이 원산지로, 변색의 기술 없이 내내 흰 꽃을 피운다. 수국의 시간이 다 가면 그들의 시간이 온다. 7월에서 9월 사이에 피고 지는 한여름의 꽃. 수국의 둥근꽃차례와 달리 나무수국은 자잘한 꽃들이 원뿔 모양으로 모여 핀다. 수국에 비해 건조와 추위를 견디는 힘이 강해서 도로변의 가로수나 공원의 조경수로 전국에서 애용된다.

색도 모양도 이름도 화려한 수국들을 알면 알수록 내게는 산수국이 최고다. 일본에서 개량한 수국의 원예 가치에 밀린 채 산속에서 조용히 살아가는 우리 땅의 자생식물 산수국은 6월에 꽃이 한창이다. 산과 숲을 누비는 나에게 이 무렵은 산수국의 시간이다. 수국에 비해 장식꽃이 많이 달리지 않아서 산수국은 다소 차분한 모양새다. 무더기로 심어서 기르는 수국과 달리 있어야 할 자리에 띄엄띄엄 뿌리내리고 사는 편이다. 그 청초한 자태와 품위 있는 산수국의 모습을 나는 아주 좋아한다.

산수국의 잎과 꽃은 차로 우려 마실 수 있는데, 물에 우러나는 특유의 단맛과 박하향이 매력이다. 특히 어린잎을 발효하면 단맛이 강해져서, 다원에서 산수국은

산수국은 우리 땅에서 나고 자라는 자생식물이다. 수국에 비해 장식꽃이 많이 달리지 않아서 산수국은 다소 차분한 모양새다. 그 자태가 청초하고 품격 있어 보인다.

'감로차'로 통하기도 한다. 이를 서양에서는 '천국의 차tea of heaven'로 소개한다. 국내의 일부 다원에서는 일본 원산의 툰베리산수국을 개량한 산수국 차나무 품종을 재배하여 발효차를 만든다.

꽃도 차도 일본의 원종에 의존하는 수국의 현실이 내심 아쉬웠는데, 최근에는 자생하는 우리 산수국의 가치가 밝혀지고 있다. 산수국 잎 추출물이 인체의 면역 기능을 높일 수 있다는 것을 2020년 안동대학교 정진부 교수팀이 확인했다. 묵묵히 우리 자생식물의 가치를 밝히는 연구에 매진하는 그 연구실을 나는 따뜻한 마음으로 응원하고 있었는데, 최근 반가운 소식을 국제학술지에서 보게 되어 크게 기뻤다. 하동군이 국내의 화장품 연구개발 회사와 협력하여 산수국에서 피부 개선과 체지방 감소에 효능이 있는 추출 성분을 밝혔다는 소식도 들었다. 우리 자생식물의 가치가 널리 알려지는 일은 언제 들어도 꽃소식처럼 설렌다.

산수국 말고도 한반도에는 등수국과 바위수국이 울릉도와 제주도의 숲과 계곡에서 자란다. 등수국은 등나무처럼 거목과 암석을 감고 오르는 힘이 대단하다. 꽃은 흰색이고 장식꽃에 비해 참꽃이 많이 핀다. 바위수국은 장식꽃의 꽃받침이 갈라지지 않고 달랑 1장만 달리기 때문에 등수국과 뚜렷하게 구분된다. 그리고 제주의 성널오름 근처 계곡에는 몇 그루 안 남은 성널수국이 자신들의 서식지를 간신히 지키고 있다. 다른 수국류에 비해 가녀린 몸체에 커다란 꽃받침 잎이 인상적이다.

6월 중순 일본에서는 오랜 전통과 엄청난 규모를 자랑하는 수국 축제가 곳곳에서 개최된다. 최근 들어 국내에서도 수국 축제가 호화롭게 열린다. 일본 원산의 수

왼쪽부터 등수국, 바위수국, 성널수국. 등수국과 바위수국은 울릉도와 제주도의 숲에 사는 덩굴나무다. 성널수국은 일본의 고유식물로 알려졌으나 2004년 제주 성널오름에서도 발견되었다.(바위수국, 성널수국 사진: 김진석_한반도식물다양성연구소)

국이 탐스럽게 피어 있는 사진과 축제의 초대 문구를 보고 있자면 나는 자꾸만 서운한 마음이 앞선다. 이 땅에서 나고 자라는 수국들과 함께하는 우리의 축제가 열렸으면 하는 마음 때문이다. 6월은 수국의 시간. 한반도의 숲과 계곡에서 가만히 피고 지는 우리의 산수국과 바위수국과 등수국과 성널수국을 만나러 가는 시간이다.

여름의 싸리

우리나라 사람들의 세간살이 곳곳에 빠지지 않는 나무 하나가 있다. 식물 공부를 시작하기 훨씬 전에 그 사실을 나는 할머니에게서 듣고 배웠다. 싸리나무 울타리를 두른 집은, 울섶을 따라 이어지는 대문도 싸리를 엮어 만들었지. 할머니의 싸리나무 이야기는 끝이 없었다. 나는 할머니의 입을 통해 나오는 싸리나무를 머릿속으로 상상하면서 자랐다.

할머니가 돌아가신 지 10년도 훌쩍 지났지만 싸리꽃 피는 여름이 오면 할머니가 들려주시던, 싸리나무 가득했던 살림살이 풍경이 내 앞에 복원되곤 한다. 그 이름의 유래를 우리네 '살이'로 보기도 하는데, '살다'의 어근인 '살-'에 접미사 '-이'가 붙어 파생된 말이 또 한번 가지를 쳐서 우리 나무 이름 '싸리'가 되었으리라 짐작한다.

싸리 가지를 엮어 만든 사립문을 열고 마당에 들면 벗어둔 지게가 서 있다. 싸리로 짠 발채가 지게에 얹혀 있고, 땔감으로 쓸 싸리 서너 단이 묶여 그 안에 들어가 있다. 싸리로 초벽을 얽고 흙을 발라 세운 초가집 벽에는 싸리로 짠 삼태기와 채반과 멍석과 키와 빗자루가 각각 자리를 차지하고 있다. 머지않아 매싸리가 될 싸리 한 단은 시렁 위에 가지런히 놓인 채 훈육의 도구로 나서야 할 순간을 기다리고 있다. 그 온갖 집안 물건들이 지금은 대부분 플라스틱으로 바뀌었다.

부엌살림에서 싸리나무는 대 하나에도 쓰임이 따로 있다며 할머니는 그 사용법을 긴밀하게 알려주셨다. 복날 가마솥에서 닭이 얼마나 잘 익었는지 확인할 때는 싸리나무의 굵은 밑단을 써야 하고, 제삿날 산적 꼬치를 꿸 때는 반드시 싸리나무의 가늘고 뾰족한 윗대를 써야 한다고. 고운 꽃이 꿀도 많아서 벌을 치기에 좋고, 어린 순은 묵나물로 먹고, 회창거리는 줄기는 끊어서 그늘에 말렸다가 차로 마시고, 엄지발가락만 한 굵기의 대는 활을 만드는 살로, 새끼손가락만 한 굵기의 대는 밭에서 고춧대로, 얄브스름한 대는 한 단씩 엮어서 물에서 고기잡이 어롱으로 썼다는 싸리의 면면을 할머니는 어떤 고마움에 대한 화답처럼 내게 말하고는 했다. 여름이 오면 그래서 내 마음은 고약한 뙤약볕에도 아랑곳하지 않고 당당한 기세로 그 고운 꽃 피워내는 싸리에게로 향한다.

우리 문화에서 말하는 '싸리나무'는 어느 1종만을 가리키는 게 아니다. 우리네 삶에 들인 싸리속 식물들을 아울러 말하는 것이다. 우리 산과 들에는 여러 종류의 싸리속 식물이 사는데, 우리나라 사람들이 가장 가까이에 두고 쓴 나무는 '싸리'와 '참싸리'다. 한반도 도처 어디서나 잘 자라기 때문에 지역의 불균형 없이 선조들은 이들을 공평하게 이용할 수 있었다. 둘은 사는 곳과 쓰임이 거의 비슷하지만 생김새는 다르다. 포도송이처럼 모여 핀 꽃차례가 전체적으로 길어서 잎보다 두드러지면 싸리, 꽃차례가 작달막해서 꽃이 마치 잎에 싸인 것 같으면 참싸리다. 싸리와 달리 꽃받침 갈래 끝이 눈에 띄게 뾰족한 것도 참싸리의 특징이다.

싸리와 참싸리의 매력은 헐벗은 땅에서 특히 빛난다. 산림녹화에 가장 적합한 식물이기 때문이다. 대형 산사태로 허물어졌던 경북 영천의 보현산과 강원도 정선의 오장폭포에서 나는 산과 숲을 살려내는 싸리의 위력을 보았다. 2003년 태풍 매미와 2006년 태풍 에위니아는 한반도를 맹렬히 할퀴며 각각 보현산과 오장폭포에 대형 산사태를 남겼다. 그 두 곳을 다시 세워 일으키는 데 싸리와 참싸리가 동원되었다. 그들이 투입되자 땅이 다져지고 흙은 또 다른 종류의 다양한 식물들을 품어 초록의 힘을 뿜기 시작했다.

이게 다 타고난 그들의 본성 덕분이다. 싸리와 참싸리는 폐허의 개척자와도 같다. 흙이 흙으로만 존재할 때는 결코 산이 만들어지고 숲이 우거지지 않는다. 풀과 나무의 뿌리가 흙을 그러쥐고 있을 때에야 비로소 그것이 가능하다. 초록이 사라진 헐벗은 땅에 가장 먼저 뿌

싸리(위쪽)와 참싸리(아래쪽). 포도송이처럼 모여 핀 꽃차례가 전체적으로 길어서 잎보다 두드러지면 싸리, 꽃차례가 작달막해서 마치 잎이 꽃을 둘러싼 것 같으면 참싸리다.

리를 내리고 생존을 알리는 나무가 싸리와 참싸리다. 맵게 내리쬐는 태양의 기운을 온몸으로 받으며 애써 뿌리를 뻗어 흙을 거머쥐고 땅을 다지는 나무. 심지어 그 척박한 땅을 개간할 수 있는 능력까지 갖추었다. 콩과 식물이라는 혈통의 특성상 '뿌리혹박테리아'를 품고 있어서 일종의 비료와도 같은 역할을 하기 때문이다. 식물이 자신의 뿌리에 세균을 들여 함께 사는 것인데, 세균은 식물의 뿌리에서 탄소와 영양분을 얻고 식물은 세균으로부터 질소화합물을 공급받는 공생의 원리다. 질소화합물은 땅과 식물에게 일종의 비료와도 같은 역할을 한다. 일찍이 우리 선조들은 그 원리를 알고 논밭 둘레에 콩을 둘러 심거나 콩을 먼저 심어 거둔 후 다른 작물을 재배하기도 했다.

겨울이 오면 앙상하게 말라서 나무가 아닌 풀처럼 보이는 '풀싸리'도 우리 땅에 산다. 언뜻 보면 꽃차례가 포도송이 모양을 한 싸리와 닮았지만 꽃 한 송이 한 송이에 달린 꽃받침은 참싸리의 것처럼 갈래 끝이 뾰족한 게 풀싸리의 특징이다. 풀싸리에 비해 꽃이 훨씬 크고 생육이 왕성한 '중국풀싸리'가 최근 산림녹화용 식물로 국내에 들어와 우리 싸리와 참싸리와 풀싸리의 자리를 넘보기도 한다.

몇 해 전 나는 경북 울진 왕피천의 어느 길섶에서 유독 아름다운 '해변싸리'를 만났다. 싸리와 참싸리의 꽃자리가 잦아들 무렵이었다. 극동아시아에 똑같이 퍼져 사는 싸리나 참싸리와 달리 해변싸리는 전 세계 어디에도 없고 오직 한반도에만 산다. 일제강점기에 보길도에서 처음 채집되어 일본 식물학자에 의해 국제 식물학계에 알려진 우리 식물이다. 지금은 보길도뿐만 아니라 전라도의 여러 해변을 비롯하여 경상도의 바닷가나 인근 산지에서도 해변싸리의 존재가 확인되고 있다. 잎에 반

해변싸리는 세계 어디에도 없고 오직 한반도에만 산다. 잎에 반질반질한 광택이 있고 그 질감도 두꺼운 가죽 느낌이라 다른 종류의 싸리와 선명하게 구분된다.

질반질한 광택이 있고 그 질감이 두꺼운 가죽 느낌이라 다른 종류의 싸리와 선명하게 구분된다. 싸리나 참싸리보다 꽃은 늦게 피는 편이다. 싸리나 참싸리처럼 한반도 전역에 널리 자라지만 그들과 달리 잎끝이 뾰족하게 생겼다면 '조록싸리'다. 끝이 점차 가늘어지는 잎 모양이 조롱박을 떠올리게 한다고 그렇게 부른다는 설이 있고, 줄기의 주름진 모양 때문에 조록조록하다는 뜻에서 그 이름을 얻었다고도 한다. 조록싸리와 닮았지만 꽃잎 색이 다양해서 꽃 한 송이에 색이 세 가지나 비친다는 '삼색싸리'도 있다. 남부지방의 산지에 드물게 자라는 편이다.

사실 내가 우리 땅의 싸리 종류를 줄줄이 열거한

조록싸리(위쪽)와 삼색싸리(아래쪽). 조록싸리는 싸리나 참싸리처럼 우리나라 전역에 자라고, 삼색싸리는 남부지방의 산지에 드물게 자라는 편이다.

이유는 '검나무싸리'를 소개하고 싶어서다. 꽃의 자줏빛이 검게 보일 정도로 유독 짙어서 그런 이름을 얻었다. 꽃 크기가 작은 편이라 북한에서는 '쇠싸리'라고 부른다. 싸리류의 꽃은 꽃잎이 상하좌우 사방에서 정확하게 포개져 밑씨를 안전하게 감싸서 보호하도록 짜여 있다. 이를 선

검나무싸리는 세계적인 희귀식물이다. 지구에서는 한반도의 지리산 일대, 일본 규슈와 혼슈의 일부 지역에만 아주 드물게 산다.

체船體에 비유해서 위와 아래의 꽃잎을 각각 깃발을 닮았다고 '기판旗瓣', 배밑의 용골을 닮았다고 '용골판龍骨瓣'이라고 부른다. 나머지 좌우의 날개 모양 꽃잎이 '익판翼瓣'인데, 검나무싸리는 익판이 두드러지게 커서 용골판을 덮고 있는 점, 꽃받침 갈래 조각이 두루뭉술하고 몸 전체에 털이 없는 점 등이 다른 싸리류와 뚜렷하게 구분되는 특징이다. 세계적인 희귀식물로, 지구에서는 한반도의 지리산 일대, 일본 규슈와 혼슈의 일부 지역에만 아주 드물게 산다.

2019년 가을에 검나무싸리가 자라는 곳으로 조사를 간 적이 있다. 집단 고사 현상이 급증한 구상나무를 확인하러 지리산 성삼재에서 노고단으로 향하는 길이었다. 당일에 조사를 끝내는 것만도 빠듯해서 발걸음을 재촉하는데 열매를 달고 있는 검나무싸리 무리가 내 눈에 들어왔다. 서둘러 그 열매 사진을 대충 담고 내년에는 흑자색 꽃을 보러 와야지 하고 다짐했다.

중복을 코앞에 둔 이듬해 어느 주말에 지리산에 갔다. 기대했던 대로 검나무싸리 꽃이 한창이었다. 나무 전체의 검은 이미지가 나를 압도했다. 다른 싸리류에 비해 꽃은 작지만 꽃송이 수가 많아서 꽃차례는 자줏빛을 겹겹이 덧칠한 듯이 어둡고 짙은 농도를 뽐냈다. 볕이 쏟아지는 곳을 고수하는 여느 싸리들과 달리 검나무싸리는 그늘을 좋아하는 편이다. 지리산에서 만난 그들은 대부분 그늘진 곳에서 검은빛을 두르고 있었다.

그 많던 여름의 싸리들 다 지고 나면 '꽃싸리'의 개화가 시작된다. 밤의 길이가 낮의 길이를 추월하는 기점인 추분 무렵에 만개하는 꽃. 앞서 소개한 싸리류와는 혈통이 달라서 꽃싸리는 별도의 꽃싸리속*Campylotropis*이라는 계통을 이룬다. 같은 사람과科 동물이지만 서로 다른 생물학적 지위를 갖는 침팬지와 오랑우탄의 관계와 비슷하다.

싸리류는 꽃대에 꽃이 두 송이씩 피지만 꽃싸리 꽃은 한 송이씩 핀다. 길게 나온 꽃자루는 끝이 살짝 꺾여 있고 그 끝에 다소 큰 꽃을 달고 있다. 한 송이 한 송이 꽃이 수없이 모여 피기 때문에 꽃싸리는 전체적으로

꽃싸리는 추분 무렵에 핀다. 중국과 몽골의 남부지역과 대만에 분포하고 한반도에는 경북 성주 근방에서 자란다.

풍성한 꽃차례를 이룬다. 그 이름처럼 꽃이 예쁘다. 중국과 몽골의 남부지역과 대만에 분포하고 한반도에는 경북 성주 근방에서 자란다. 할머니 산소 근처에도 꽃싸리가 사는데 벌초하러 갔다가 거기 꽃싸리를 만난 게 벌써 여러 해 전의 일이다. 봉분 다듬는 일에 극진했던 우리 할머니. 추석 다가오면 어김없이 들려오던 할머니의 당부처럼 꽃싸리 꽃은 올해에도 때맞춰 필 것이다. 싸리가 지면 여름이 가고, 꽃싸리가 피면 가을이 온다.

천선과라는 신비한 세계

1988년부터 1991년까지 경남 창원의 다호리 고분 발굴 당시 '천선과'로 추정되는 열매가 나와서 고고학계와 식물학계가 머리를 맞댄 적이 있었다. 출토된 열매만으로 단정하기는 조심스러우나, 무화과나무 재배종이 국내에 들어오기 훨씬 이전인 원삼국시대의 고분이라는 점에서 일찍이 우리 선조들이 천선과를 식용했을 것이라는 견해가 지배적이었다. 그로부터 10여 년 후에 이스라엘 요르단 계곡의 신석기 집터에서 말린 무화과가 발견되어 국제 고고학계를 발칵 뒤집은 사건이 있었다. 연대를 측정해보니 자그마치 11,400년 된 것으로, 그 이전에 가장 오래된 작물로 여겼던 밀이나 보리보다 1,000년이나 앞선 것이었다. 야생의 무화과를 딴 것일지도 모르는데 심어 기르는 '작물'이라고 추정한 이유는 무엇일까? 야생의 것이라면 생식 능력이 있어야 하는데, 발견된 무화과의 씨앗을 분석한 결과 오늘날 재배하는 무화과처럼 생식 능력이 없었기 때문이다. 국내를 비롯하여 전 세계에 널리 퍼져 재배되는 무화과는 대부분이 육종된 암그루인데, 탐스러운 열매만 맺을 뿐 안타깝게도 자손을 생산하지 못한다.

하지만 야생에서는 상황이 다르다. 지중해 연안에서 저절로 자라는 야생 무화과는 번식에 성공하기 위하여 조금 특별한 생존 전략을 택했다. 소나무처럼 암수한그루도 아니고, 버드나무처럼 암수딴그루도 아니고, '기능적암수딴그루'라는 특이한 번식 방법을 취한 것이다. 하지만 국내에서는 이처럼 특별한 무화과의 생식 체계를 확인할 길이 없다. 한반도에는 야생의 무화과나무가 단 한 그루도 없기 때문이다. 그렇다고 아쉬워할 일은 아니다. 우리 땅에는 그들과 똑같은 삶을 살아가는 천선과나무가 있다.

'기능적암수딴그루'라는 생존 전략은 열매를 맺을 암꽃만 피는 '암그루' 따로, 수꽃과 불임의 암꽃이 한 그루에 피는 '기능적수그루' 따로 생존하는 생식 체계를 말한다. 그 이름 그대로 기능적수그루에서 수꽃은 꽃가루를 만들며 제 역할을 다 해내지만 암꽃은 형태만 갖출 뿐 생식에 관여하지 않는다. 이러한 설명이 다소 복잡해서 '기능적수그루'를 그냥 '수그루'라 표현하면서 무화과를 암수딴그루로 설명하는 일반 자료가 대다수다. 하지만 식물학자들은 이러한 기능적암수딴그루를 천선과나무가 종족 번식에 앞서기 위해 암수딴그루로부터 진화한 방식이라고 엄밀히 구분해서 본다.

천선과나무가 수천만 년 전에 이룩한 곤충과의 공생 방식과 그 누구의 도움도 없이 스스로 운명을 개척하는 생존 방식은 둘 다 아주 정교하다. 전자는 천선과나무의 암그루와 기능적수그루가 아주 가까이 살면서 수분 매개 곤충인 '천선과좀벌'의 도움으로 열매를 맺는, 가장 안전하고 자연스러운 번식 방법이다. 학자들은 이들이 관계를 이어온 시간이 6천만 년 정도 되었다고 추정한다. 후자는 혼자서 열매를 맺는 놀라운 능력을 말하는데, 꽃가루를 받아들이기 쉽지 않다는 판단에서 암그루가 부리는 묘술 같은 전략이다. 수분 매개자가 이끄는 일반적인 번식에 비해 자손을 생산할 확률은 낮지만 생존만을 놓고 본다면 현명한 선택이라고 할 수 있다. 혼자 다 한다고 해서 식물학 용어로 '단위결실單爲結實'이라고 부른다. 극한 환경에서는 다음 세대를 잇기 위한 '종족 번식'보다 현재의 생존을 위한 '개체 유지'를 택하는 천선과나무의 삶은 어쩐지 현대인의 생존 방식과도 닮은 것 같다. 이렇게 혼자서 열매를 맺을 줄 아는 암그루만을 선별하여 기르고 증식하고 품종을 개량한 것이 오늘날 전 세계에 번진 무화과나무 재배법이다.

제법 널리 알려진 천선과(무화과)와 천선과좀벌(무화과좀벌)의 관계는 그야말로 동화 같다. 열매만 있고 꽃은 없다고 해서 '무화과無花果'라고 하지만 정확하게는 꽃이 보이지 않는 거라 식물학 용어로는 '은화서隱花序'라고 한다. 천선과도 이와 똑같다. 꽃받침이 꽃을 아예 집어삼키듯이 둘러싸서 과육 형태로 변형되어 열매처럼 보이는 것이 실제 꽃이다. 그 꽃 속에서 태어난 천선과좀벌 수컷은 암컷과 교미한 후 이내 그 꽃 안에서 죽고, 새끼를 밴 암컷은 잉태한 꽃에서 나와 다른 꽃으로 가서 산란을 하는데 그 과정에서 나무의 꽃가루받이를 돕는다. 이런 내용은 비교적 널리 알려져 있다.

하지만 꽃의 내부 구조가 어떻게 생겼는지, 그곳에서 천선과좀벌은 언제 어떤 방식으로 자라는지, 정확하게 어느 시기에 꽃가루를 어떻게 옮겨서 열매를 맺게 하는지 등을 국내에서 또렷하게 기록한 자료는 없었다. 그래서 나는 한동안 숲을 조사하면서 천선과나무 꽃과 열매를 관찰하는 일에 몰두했다. 내가 알게 된 첫 번째 사실은 비교적 많은 암그루가 야생 무화과와 마찬가지로 꽃가루받이 없이 열매를 맺는다는 것이고, 그다음으로 얻은 정보는 천선과와 천선과좀벌의 관계는 생각보다 더 드라마틱하다는 것이다.

학위 논문 주제였던 팽나무를 10여 년 동안 찾아다니면서 나는 천선과나무가 사는 수많은 자리도 알게 되었다. 남도의 바닷가 마을을 좋아하는 팽나무 근처에서 천선과나무가 자주 눈에 띄었다. 그 당시만 해도 나는 천선과나무를 제대로 알지 못했다. 겉으로 보면 꽃과 열매가 똑같이 생겼고 언뜻 봐서는 암그루인지 아닌지도 가늠이 잘 되지 않았다. 저 나무는 늘 대추 같은 걸 몸에 달고 있네, 꽃 아니면 열매겠지, 하고 무심히 지나가곤 했다. 그때는 팽나무의 면면을 포착하고 기록하는 데 더 집중해야 했다.

활엽수들이 잎을 다 떨어뜨리는 겨울에 팽나무는 잎도 열매도 모조리 벗어젖힌 나목이 되어 더욱 근사해진다. 그런 팽나무 옆에서 천선과나무 암그루는 가을에 씨앗을 이미 다 퍼뜨린 뒤의 모습이었고, 기능적수그루는 꽃 속에 지난여름에 암컷 천선과좀벌이 산란한 알을 품고 겨울을 나고 있었다. 책에서 배우지 못했던 정보를 현장에서 실제로 만났을 때의 그 짜릿함이란 정말 말로 설명하기 어렵다. 암그루는 홑몸으로, 기능적수그루는 천선과좀벌의 알을 품은 대추 모양의 꽃을 단 채 겨울을 난다는 것, 그래서 꽃을 잘라보지 않고도 천선과나무의 암그루와 기능적수그루를 구분할 수 있는 적기는 겨울이라는 것, 천선과나무와 천선과좀벌의 공생관계를 제대로 알기 위해서는 겨울을 기점으로 관찰을 계획해야 한다는 것!

천선과나무에서 꽃을 달고 월동하는 건 기능적수그루다. 이른 봄에 그 나무에서 핀 꽃들을 잘라보면 절반은 수꽃이고 절반은 암꽃이다. 수꽃은 장차 꽃가루를 생산하며 꽃의 본분을 다할 것이다. 하지만 암꽃은 앞서 말했듯이 열매 될 생각이 추호도 없는 불임이다. 밑씨를 품어야 할 씨방이 천선과좀벌의 알을 품도록 짜여 있기 때문이다. 지난해 여름에 다른 꽃에서 잉태한 암컷이 이 불임성 암꽃에 들어가 겨울을 나기 때문에 이른 봄부터 꽃

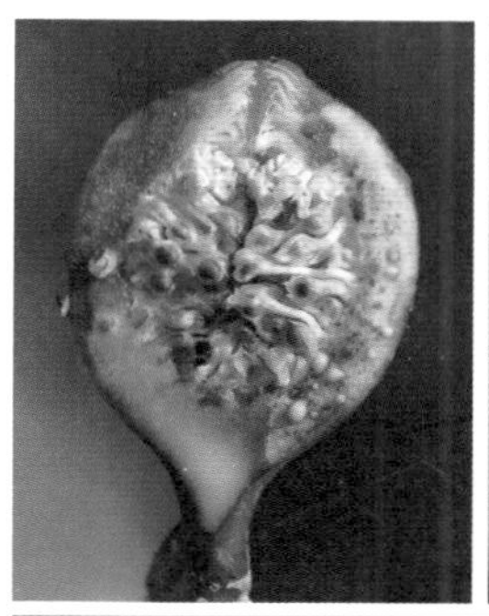
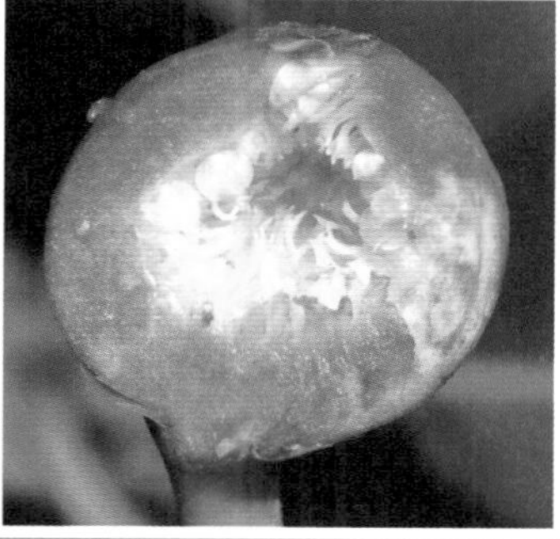

기능적수그루의 암꽃을 자른 단면(왼쪽)과 암그루의 꽃을 자른 단면(오른쪽). 기능적수그루의 암꽃 내부는 지난해 천선과좀벌 암컷이 낳은 알들로 가득 차 있다. 2018년 8월 19일에 찍었다.

의 내부는 부화를 기다리는 알로 꽉 차 있다. 꽃은 알을 품은 채 봉긋해져서 5월이면 먹음직스러워 보이기까지 한다. 잘라서 꽃의 내부를 유심히 관찰하지 않으면 열매로 착각하기 쉽다. 천선과 맛이 형편없다는 평가는 아마도 이 무렵에 알이 꽉 찬 꽃을 열매로 잘못 알고 먹었기 때문일 것이다.

봄 다 지나고 여름 올 무렵에 알들이 부화한다. 알에서 먼저 나오는 건 수컷이다. 이름 때문에 '벌'과 같은 형상을 상상했는데 크기는 내 몸에 돋는 자잘한 사마귀 정도 되고 모습은 탈피하고 떠난 매미의 허물처럼 생겼다. 이들 수컷은 겨우내 자신을 품어준 그 꽃에서 태어나 암컷이 부화하기를 기다렸다가 암컷과 교미한 후 오래지 않아 그 꽃 안에서 죽는다. 날아다닐 필요가 없으니 날개

천선과좀벌 암컷(왼쪽)과 수컷(오른쪽).

가 없다. 천선과나무의 꽃 하나가 누군가에게는 세상의 전부일 수도 있다는 생각에 그 작은 생명체를 들여다보다 가슴 한쪽이 아릿해졌다.

여름이 무르익을 때 기능적수그루 꽃의 내부는 이 수컷의 활동이 암컷의 부화를 이끌기 때문에 매우 소란스럽다. 암컷은 날개도 있고 수컷보다 크고 정말 '좀벌' 같이 생겼다. 몸 크기는 2밀리미터 정도 된다. 잉태한 암컷이 산란하려면 태어난 꽃을 탈출해서 다른 꽃 속에 들어가야 하는데, 그들이 드나들 입구를 생각하면 암컷의 체구가 큰 편이다. 천선과나무 꽃의 정수리 부근에 참외 배꼽처럼 볼록하게 튀어나온 자리가 암컷의 나들목이다. 그 모양이 인상적이라 천선과나무를 '젖꼭지나무'라고도 부른다. 암컷이 탈출해야 할 때가 되면 그 볼록한 자리가 약간 벌어진다.

가을이 오기 전에 어미 천선과좀벌은 산란을 위해

다른 꽃을 찾아 떠나는 여정에 든다. 잉태한 암컷 모두에게 공평하게 주어지는 기회다. 자신의 알을 겨우내 정성껏 돌볼 기능적수그루의 불임성 암꽃을 고대하며 어미는 목적지를 택한다. 도착지가 어디냐에 따라 결과는 정반대가 된다. 산란과 부화로 이어지는 생존의 길이 될 수도 있고, 어미도 알도 다 죽고 마는 참변의 길이 될 수도 있다. 기능적수그루만이 알을 품을 수 있으니, 암컷에게는 그들의 도착지가 암그루만 아니면 된다. 어미 천선과좀벌이 도착한 곳이 암그루라면 어떻게 될까? 암그루에 도착한 암컷이 그 꽃에 알을 낳을 수는 있지만 그 알이 부화할 방법은 없다. 거기에는 본래의 주인인 꽃의 밑씨가 일찍부터 자리를 꿰차고 있기 때문이다. 암그루는 기능적수그루인 척 그와 비슷한 모습을 하고 암컷을 유인한다. 그 전술에 넘어간 암컷이 저쪽 꽃에서 꽃가루를 묻혀오면 암그루의 꽃은 수정에 성공하고 과육을 늘리고 씨앗을 단단하게 만든다.

반대로 그 꽃이 천선과좀벌에게는 자신과 자식을 죽이는 장소이다. 천선과나무 열매가 익으면서 분비되는 특유의 성분은 단백질을 분해하는 능력이 있다. 안타깝게도 천선과가 익을수록 암컷의 몸은 서서히 녹게 되는 것이다. 천선과나무의 이 무시무시한 성분은 라텍스의 일종이다. 라텍스를 고무나무에서 많이 얻기 때문에 일반적으로 천연고무와 라텍스를 동일시하기도 한다. 천선과나무는 고무나무와 같은 무화과나무속*Ficus*이라서 체내

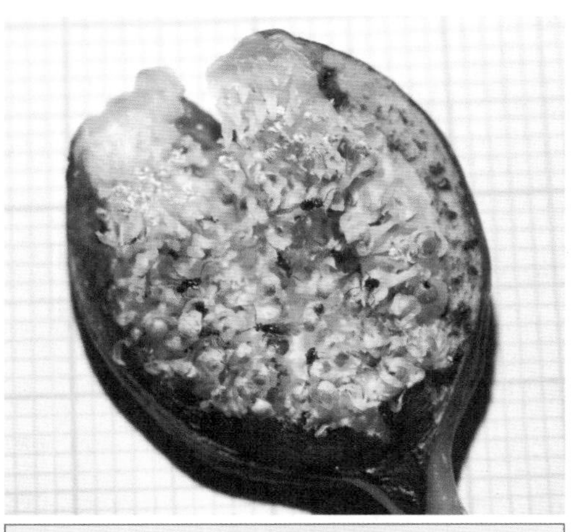

여름이 무르익을 때 기능적수그루의 암꽃 단면. 꽃이 벌어진 정수리 부근에 꽃밥이 터져 꽃가루가 흥건하다. 암컷은 산란하기 위하여 꽃밥을 묻힌 채 벌어진 길을 통과해서 다른 꽃을 찾아간다. 2021년 8월 21일에 촬영했다.

에서 라텍스를 만드는 성정도 고무나무와 비슷하다. 천선과가 익으면 익을수록 천선과좀벌 암컷의 몸은 녹고 녹아 아스라이 사라진다. 그렇게 알도 어미도 모두 흔적도 없이 가고 나면 천선과와 무화과가 무르익는 가을이다.

나는 천선과의 단맛을 안다. 재배하는 무화과에서는 찾아볼 수 없는, 야생에서 오는 특별한 달콤함이 있다. 물론 무화과처럼 오랜 시간 개량되어 수많은 사람을 현혹하는 키치성性은 떨어진다. 모양도 맛도 좋은 서양의 무화과에 대적하고자 동양의 천선과를 개량하기 위한 숱한 노력이 일본에서 있었지만, 매번 국제무대에서 무화과의 상품 가치를 따라잡지 못했다. 하지만 최근에는 육종된 무화과를 공격하는 특정 질병에 대한 내성을 천선과에서 찾을 가능성이 있다는 연구 결과가 발표되었다. 재배되는 무화과는 새롭게 나타나는 질병에 속수무책이지만 자연에서 저절로 자라는 천선과에게는 그것을 견디는 유전자가 있다는 것이다.

그래서 나는 수입에 의존하는 무화과의 단맛보다는 우리 숲의 천선과나무가 품은 오랜 역사와 끝을 알 수 없는 가능성과 여전한 신비로움을 좋아한다.

팽나무는 오래, 크게, 홀로

내가 자란 시골 마을 어귀에는 팽나무 고목 한 그루가 서서 마을을 지키고 있었다. 그 큰 나무가 유년의 내게는 마치 《어린 왕자》에 등장하는 바오바브나무 같았다. 또래가 귀했던 작은 마을에서 그는 내 유일한 친구였다. 그의 덩치가 몇 아름이나 되는지 두 팔을 벌려 한참을 재보거나, 땅에 떨어진 꾸덕꾸덕한 나무껍질로 탑을 쌓기도 하고, 제법 달콤한 열매를 따 먹어도 보고, 자잘한 씨앗을 하나둘 헤아리다 보면 금세 저녁이 찾아왔다. 기쁜 마음을 나누는 것도 속상한 마음을 달래는 것도 팽나무 앞에서였다. 나의 이야기를 묵묵히 들어주던 팽나무가 누구보다 좋았고, 팽나무 곁에서 나는 못 할 말이 없었다. 친구였던 그가 조금 무서워지는 날도 있었는데, 해마다 정월 대보름에 온 마을 사람들이 자못 비장한 표정으로 팽나무 앞에 모일 때였다. 팽나무에 정성스레 새끼줄을 두르고 떡과 술을 차려놓고 사람들은 한 해의 풍

바오바브나무를 연상시키는 팽나무 고목의 밑동. 2019년 4월 9일 전남 보길도 세연정에서 담았다.

농을 기원하며 절을 올리고 춤도 추었다. 할머니는 하늘의 신이 이 팽나무를 타고 내려와 마을의 소원을 듣고 간다는 이야기를 내게 해주었다. 그 무렵부터 나는 신을 만나는 다양한 방법 가운데 하나가 팽나무 곁에 머무는 일이라고 마음에 새기게 되었다.

그 기이한 풍경이 '동제洞祭'였음을 알게 된 것은 학위 논문 주제인 '팽나무속 분류 연구'를 위해 전국의 팽나무를 찾아다니면서부터이다. 오래 자라고 크게 자란 팽나무는 동제의 대상이 되곤 한다. 이런 당산목은 오래된 수령과 신비로운 수형 등의 가치를 인정받아 다수가 보호수로 지정되어 있다. 우리나라의 보호수는 느티나무와 소나무에 이어 팽나무가 세 번째로 많다. 천연기념물로 지정된 팽나무와 팽나무가 포함된 숲은 2020년을 기준으로 6개나 된다.

홀로 자라는 것도 팽나무의 성품이다. 이는 효과적으로 자식을 생산하기 위해 계획된 전략이다. 팽나무는 과즙이 많은 달콤한 열매를 새와 동물들에게 제공하고, 그들은 팽나무 씨앗을 퍼뜨리는 산포자가 된다. 덕분에 팽나무는 모수母樹 가까이에 모여 자라지 않는다. 이것은 자식을 멀리 보내어 더 좋은 환경에서 건강하게 자라기를 바라는 부모의 마음과도 닮았다.

팽나무가 사는 곳은 주로 바닷가 주변이다. 옛 바다 사람들은 포구에 정박하여 근처 커다란 팽나무에 배를 묶어두곤 했다고 한다. 남부지방의 바닷가에서 팽나무를 '포구나무'라 부르는 이유이기도 하다. 포구나무와 같은 뜻으로 제주도에서는 팽나무를 '폭낭'이라 부른다. 제주를 비롯하여 우리나라 중부 이남 해안가에는 팽나무 고목이 많다. 전남 진도군 임회면 팽목리는 팽나무가 많이 자라는 마을로, 그곳에는 세월호 참사의 아픔을 기억하고 기록하는 진도항, 바로 팽목항이 있다. 제주에는 팽나무 고목이 특히 많은데, 그들을 신성시하여 '신목' 또는 '우주목'이라 부르기도 한다. 제주시 한림에 가면 아름답기로 유명한 명월리 팽나무숲이 있다. 조선 후기 유학자들과 시인들이 어울려 풍류를 즐기던 장소로, 명월대가 있는 문수천을 따라 수령 500년 이상의 팽나무와 푸조나무가 울창한 자연림을 이루고 있는 곳이다. 조선

경남 창녕군 옥천리에 있는
팽나무 고목의 짙은 녹음.

시대부터 팽나무를 살뜰히 살피고 지켰기 때문에 보전된 전통마을숲이다. 조선시대에 소나무를 보호하기 위한 '송정松政' 제도처럼 제주에는 '종수감種樹監'이라는 직책을 두어 팽나무를 아꼈다. 마을 향약에는 '팽나무 한 줄기 한 잎이라도 해친 자는 목면木棉 반半 필을 징수한다'는 보호 규정을 담을 정도였다. 4·3 사건으로 사라진 마을을 찾을 때 이정표로 삼은 것도 살아남은 팽나무였다. 미군정과 경찰의 무력 진압으로 무고한 주민과 마을이 사라지던 그 광경을 알알이 제 몸에 새기고 있는 팽나무 말이다. 내가 좋아하는 강요배 화백의 〈팽나무와 까마귀〉는 그 4월의 제주를 고스란히 담고 있는 그림이다.

팽나무는 생육조건이 까다롭지 않아 바닷가의 척박한 바위틈에서도 잘 자란다. 지나치게 요구하는 것 없이 겸손하게 자라며 제 몸을 주위에 내어주는 데 한 치의 인색함이 없다. 팽나무는 다양한 나비의 애벌레를 키우는 것으로도 제법 명성이 높다. 왕오색나비를 비롯하여 수노랑나비, 흑백알락나비, 홍점알락나비 등의 애벌레가 팽나무에서 먹고 자고 자라서 나비가 된다. 비단벌레도 팽나무숲에 기대어 산다.

내가 아는 팽나무의 가장 큰 매력은 씨앗을 싸고 있는 내과피內果皮이다. 달달한 과육을 먹고 나면 나오는 딱딱한 안쪽 껍질이다. 내과피를 벗기고 나면 생명을 준비하는 진짜 씨앗이 나온다. 우리에게 익숙한 복숭아 씨앗이나 체리 씨앗처럼 대부분 식물의 내과피는 나무

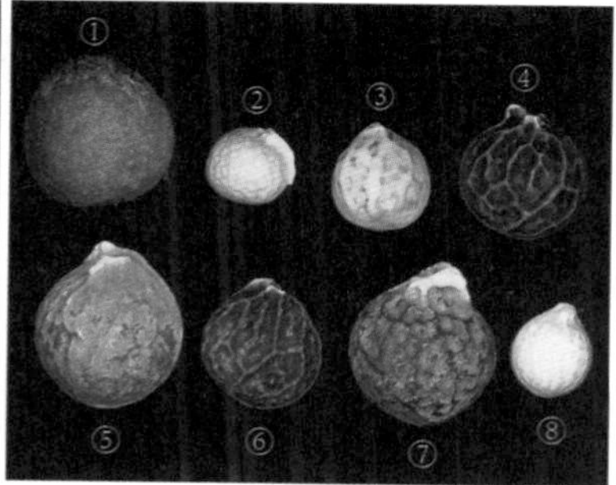

광물질로 이루어진 팽나무의 내과피(왼쪽). 달달한 과육을 먹고 나면 딱딱한 안쪽 껍질이 나오는데 이를 내과피라고 한다. 팽나무속은 이 내과피의 모양이 각 종을 구분하는 단서가 된다. 오른쪽 사진에 보이는 내과피를 갖는 각 종의 이름은 다음과 같다. ①푸조나무, ②폭나무, ③좀풍게나무, ④검팽나무(풍게나무의 이명), ⑤노랑팽나무, ⑥풍게나무, ⑦왕팽나무, ⑧팽나무.

의 목질부를 형성하는 '리그닌lignin'으로 이루어져 있지만, 팽나무의 내과피는 리그닌이 아니라 '아라고나이트aragonite'라는 광물질로 이루어져 있다. 이 물질은 달팽이와 같은 연체동물의 딱딱한 껍질을 만드는 성분으로, 화석학 분야에서 과거의 기후와 식생을 해석하는 아주 중요한 단서가 된다. 그 내과피에는 아라고나이트만 있는 것이 아니라 놀랍게도 오팔도 일부 포함되어 있다. 우리 인류는 꿈도 꿀 수 없는 능력이다.

인간과는 견줄 수 없는 시간을 살아온 팽나무를 생각하면 나는 지구상의 작은 생물이 되어 그 앞에서 한없이 초라해진다. 다만 내가 할 수 있는 일은 그들을 좇아 그들의 이야기를 듣고 사람의 언어로 옮기는 것. 그

말을 새겨듣고 받아 적다 보니 팽나무에 대한 나의 짝사랑이 이렇게 길어지고 깊어졌다. 답은 기대하지도 않았으나 좀처럼 실마리조차 주지 않아 혼자 마음 아파하며 지샌 밤이 많았다. 내내 좋을 수만은 없었다. 팽나무를 포기하고 싶은 순간도 찾아오곤 했으니 말이다. 기회가 된다면 그때의 나를 초대해서 잘 해낼 거라고 손도 잡아 주고 따뜻한 차도 대접하고 싶다.

학위 논문을 통해 팽나무의 이야기를 조금은 기록할 수 있어 나는 참으로 보람되었다. 그들의 말을 잘못 전한 부분도 있을 것이다. 나의 오류가 누군가에게는 시작이 되었으면 한다. 앞으로도 오랫동안 나는 지구에 존재하는 수많은 팽나무를 자세하게 만날 생각이다. 그들에게 바치는 나의 연서는 지금도 여전히 작성 중이니까.

땅속에서 여물어가는 구근식물

나는 애써 정원을 가꾸지 않는다. 내게 마당은 그곳에 잠입하여 스스로 자라는 식물들이 언제, 어디서, 어떻게, 왜 찾아왔는지를 곰곰 생각하면서 그들을 관찰하는 공간일 뿐이다. 원예학을 전공한 후배 J는 나와 달리 마당과 정원을 살뜰히 가꾼다. 그에게 마당은 다양한 재배식물을 기르는 실험실이다. 아끼는 구근이라며 후배는 지난봄에 우리집 마당에 글로리오사의 뿌리를 잔뜩 심어 두고 갔다.

글로리오사는 백합과와 유사한 콜키쿰과에 속하는 글로리오사속 원예 재배식물을 통칭해서 부르는 이름이다. 이들을 과거에는 백합과로 구분하였으나 최근 식물 DNA 해독법은 이들을 이름도 낯선 콜키쿰과로 구분한다. 글로리오사라는 이름은 학명의 첫 번째 단어를 딴 것인데, 대개 외국에서 도입된 화훼식물의 유통명은 그 식물의 학명에서 첫 번째 단어인 속명을 딴 경우가 많다.

글로리오사. 백합과와 유사한 콜키쿰과에 속하는 글로리오사속 원예 재배식물을 통칭해서 부르는 이름이다. 우리집 마당에 심은 것은 기본종인 글로리오사 수페르바를 개량하여 만든 로스차일드라는 품종이다.

요즘 플로리스트 교육 소재로 즐겨 쓰는 아네모네, 라넌큘러스, 스카비오사, 탈릭트룸, 아이리스는 모두 그 식물의 속명을 따서 부르는 이름들이다. 후배가 심은 글로리오사는 글로리오사 수페르바*Gloriosa superba*라는 기본종을 개량하여 만든 로스차일드Rothschildiana라는 품종이다. 'Gloriosa'는 '영광'을, 'superba'는 '훌륭하다'를 뜻하는 라틴어에서 유래한 말로, 두 단어 모두 이 꽃이 얼마나 멋진가를 말해주고 있다.

글로리오사 수페르바는 본래 아프리카와 아시아 열대 지방에 자라는 식물이다. 유럽 열강의 제국주의 시대에 아프리카를 탐험하던 유럽인들의 눈에 띄어 19세기에 이미 다양한 품종이 개발될 정도로 원예 재배식물로 입지를 굳혔다. 뿌리가 둥근 구근식물이라 장시간 보관이 가능했고 배와 수레에 실려 먼 대륙으로 번질 수 있었던 이유에서다. 그 중심에는 제1차 세계대전 당시 영국의 유대 금융 재벌 가문을 이끌던 제2대 로스차일드 남작 월터 로스차일드가 있었다. 동물학자가 되어 자신의 박물관을 갖고 싶다는 꿈을 위해 어쩔 수 없이 가족의 금융업에 종사했던 인물로, 서양의 동물학 분야에 많은 업적을 남겼다. 기린의 한 아종으로 멸종위기에 처한 로스차일드 기린을 비롯하여 현존하는 지구상의 생물 가운데 그의 이름을 기리는 종은 100종이 넘는다. 우리집 마당에 도착한 글로리오사도 그중 하나다.

열대지방이 원산인 구근식물은 한반도의 혹독한 겨울 추위를 스스로는 견디지 못한다. 그래서인지 경북 봉화군의 체감온도가 영하권에 들었던 입동에 J는 내게 전화를 걸어 글로리오사의 안부를 물었다. 그들을 살펴달라는 당부였다. 나는 마당의 글로리오사 구근을 캤다. 봄에 심을 때보다 통통하게 살이 올라 있어서 감히 농부의 마음을 떠올려보기도 했다. 실온에서 보관하다가 이듬해 봄에 땅이 녹으면 다시 심을 작정이다.

이와 달리 한반도의 겨울 추위를 견디는 DNA를 제 몸에 지니고 사는 우리 땅의 구근식물들도 있다. 꽁꽁 언 땅에서 알뿌리로 겨울을 나고 봄이면 어김없이 싹을 내는 강인한 식물들. 한반도에는 글로리오사와 유사한

글로리오사의 구근. 열대지방이 원산인 구근식물은 한반도의 혹독한 겨울 추위를 스스로는 견디지 못한다.

혈통의 식물로 솔나리와 땅나리가 있다. 두 식물 모두 나리속*Lilium*에 속하며 남과 북의 깊은 산에 드물게 자란다. '나리'는 순우리말이고 한자어로는 '백합百合'이다. 백합은 구근을 달리 표현한 말로 땅속의 알뿌리가 100개의 비늘 조각으로 이루어졌다는 뜻이다. 꽃잎이 뒤로 말리는 모습을 보고 중국에서는 '권단卷丹'이라 부른다.

솔나리는 잎이 바늘처럼 가늘어 마치 소나무 잎을 닮았다 하여 '솔나리'라 부른다. 높은 산에 드물게 자라는 편인데 꽃이 예뻐서 마구 채취당하다 보니 지금은 멸종위기에 처한 희귀식물이 되었다. 땅나리는 그 이름 그대로 꽃이 땅을 보고 자란다. 하늘을 보고 자라는 '하늘나리'라는 식물도 있는데 고산지에 아주 드물게 자란다.

솔나리(왼쪽)와 땅나리(오른쪽). 바늘처럼 가느다란 잎이 소나무 잎과 닮아서 솔나리라 부른다. 높은 산에 드물게 자라는 희귀식물이다. 땅나리는 꽃 색깔이 선명하고 글로리오사처럼 꽃잎이 뒤로 말리며 전체적으로 화려한 느낌을 준다. 꽃이 땅을 보고 자라는 모습 때문에 땅나리라 부른다.

우리가 거의 매일 식탁에서 만나는 파, 양파, 마늘, 부추도 구근식물이다. 그들을 묶어서 식물학적으로 '부추속'이라 부른다. 학명으로는 '알리움*Allium*'이다. '알리오올리오'는 마늘과 올리브로 담백한 맛을 살린 이탈리아 전통요리인데, '알리오'는 마늘의 속명에서, '올리오'는 올리브의 속명에서 따왔다. 식물의 학명이 일상에서 쓰이는 대표적 사례라 하겠다. 부추속 식물의 매운맛은 '알리인alliin'이라는 성분에서 비롯된다. 위협을 느끼거나 제 몸을 보호하려고 할 때 부추속 식물은 제 몸의 알리인을 '알릴설파이드allyl sulfide'라는 성분으로 바꾸는데, 이때 부추 특유의 냄새와 맛이 나게 된다. 동의보감에서 기록하는 부추속 식물의 그 대단한 효능을 가능하게 하는 성분이 바로 이 알릴설파이드이다.

먹기 좋은 부추속 식물은 보기에도 더없이 좋다. 꽃이 정말 예쁘기 때문이다. 그중에서도 나는 두메부추를 손꼽는다. 부추는 중국 서부지역이 고향인 재배식물인데, 한반도 두메산골에는 우리 식물 두메부추가 있다. 연분홍빛의 작은 꽃들이 촘촘히 모여 피어 마치 땅에서 솟은 백열등처럼 보이기도 하고, 자잘한 별똥별이 한 움큼 모여 또 다른 소행성을 만든 것처럼 보이기도 한다. 여름 무더위가 누그러질 즈음 산기슭에는 두메부추의 보랏빛 풍경이 펼쳐진다. 부추 재배 농가에서는 두메부추를 고소득 작물로 주목하기도 했다. 추운 환경에 적응한 탓에 두메부추는 잎이 상대적으로 넓고 두툼한데, 덕분에 같은 수를 재배해도 일반 부추보다 수확량이 많기 때문이다.

우리의 구근식물 중에 수선화가 빠질 순 없다. 수선화의 학명 중 첫 번째 단어 '*Narcissus*'는 그리스신화에 등장하는 청년 나르키소스에서 온 말이다. 정신분석학에서 자기애를 뜻하는 용어가 나르시시즘이고, 자기애가 강한 사람을 나르시시스트라 부르는데, 수려한 외모로 주변의 시선을 한 몸에 받던 나르키소스는 결국 호수에 비친 자신의 얼굴에 반해 빠져 죽게 된다. 그 자리에 핀 아름다운 꽃이 수선화다. 지중해 연안이 원산이고 중국을 거쳐 아주 오래전 국내에 도입된 것으로 추정한다. 워낙 다

두메부추(위쪽)와 수선화(아래쪽). 두메부추 꽃은 마치 땅에서 솟은 백열등처럼 보이기도 하고, 자잘한 별똥별이 한 움큼 모여 또 다른 소행성을 만든 것처럼 보이기도 한다. 추사 김정희는 제주 유배 생활 중 그곳에서 만난 수선화를 마음 깊이 들이기도 했다.

양한 재배품종이 있어서 그 기원을 찾기가 어려워진 지 오래다. 1월의 제주는 수선화가 한창인데, 추사 김정희는 제주 유배 생활 중 그곳에서 만난 수선화를 마음 깊이 들였다고 한다. "희게 퍼진 구름 같고, 새로 내린 봄눈 같다", "그윽하고 담담한 기품이 냉철하고도 빼어나다"는 그의 글에서 수선화에 대한 애정을 짐작해볼 수 있다.

독일에서 고고학을 전공하며 시를 썼던 허수경 시인은 2018년 가을에 생을 마감했다. 생전에 그녀가 아껴 읽은 시 50편이 한 권의 책으로 묶여 나왔다. 안도현 시인의 〈마늘밭 가에서〉를 소개하며 시인은 “땅속에서 여물어가는 것과 땅 바깥에서 허물어져가는 세상을 생각하는 시간, 그 시간 속에서 길러낸 말”이라는 표현을 썼다. 구근식물에게서 내가 들은 말, 구근식물을 위해 내가 하고 싶은 말이다.

귀화식물은 죄가 없다

'베트남 엄마'라는 부제를 달고 있는 박후기 시인의 〈가족 도감 1〉(《격렬비열도》, 실천문학사, 2015)은 고향을 두고 온 모든 생물이 마주한 타향살이의 먹먹함을 대변한다. 수업시간에 귀화식물을 자세히 알려주고 싶을 때 나는 이 시를 읽곤 한다.

엄마는 귀화식물,
주로 시골에 사는
여러해살이풀이다

원산지는 베트남,
겁이 많고
키가 작다

한국 전역의

산과 들에 피어나지만
엄마는 한국말이 서투르다

꽃말은 안녕하세요,
몸은 질기고
열매는 검붉다

가슴속 씨방에는
원산지에서 따라온
그리움이 멍울처럼
뭉쳐 있다

식물을 분류할 때 그 종의 출생지를 따져서 우리 땅에서 나고 자란 '자생식물'과 다른 나라에서 들어온 '외래식물'로 구분한다. 외래식물 중에 도입 시기가 오래되어 토착한 식물을 '귀화식물'이라고 한다.

불교와 함께 들어온 것으로 추정하는 은행나무, 《향약구급방鄕藥救急方》(1236년)에 기록된 것으로 보아 그 이전에 들어온 것으로 추정하는 메밀과 부추, 통일신라 시대에 국내에 도입된 것으로 추정하는 수양버들 등은 특정한 목적에서 들여온 식물이다. 이들은 너무 오래전 도입되어 지금은 거의 우리 문화의 일부가 되었다고 해도 과언이 아니다. 그런데 개화기 이후 물밀듯 들어온 귀화식물들에는 일반인뿐만 아니라 식물학자들조차도 다소 싸늘한 시선을 보내는 것 같다. 나는 조금 다른 시선에서 그들을 이해하고 싶다.

귀화식물의 대명사를 나는 '망초'로 본다. 그 이름과 삶의 방식 때문이다. 망초는 북아메리카가 고향인 두해살이풀이다. 이우철 교수의 《한국 식물명의 유래》에 따르면 구한말 쇄국정책을 완화하자 서방의 문물과 함께 이 식물이 들어온 뒤에 나라가 망했다고 해서 '망초'라 부르게 되었다고 한다. 그 무렵 문물이 들어오는 과정에서 금이 간 도자기 틈, 나무상자의 거친 결 사이사이, 누군가의 신발 틈과 머리카락 사이에 숨어 들어온 망초의 씨앗이 지금은 한반도 전역에 퍼져 자란다. 정원의 골칫거리 가운데 하나가 망초일 것이다. 망초는 깊은 산속에는 절대 자라지 않는다. 마당, 도로변, 경작지, 버려진 집터, 항구와 같이 인간의 활동이 빈번한 곳에 무리를 이루며 산다. 내 마당과 정원에 침입한 망초는 아무 죄가 없다. 인간에 의해 타국에서 건너와 고향을 그리워하는 마음으로 묵묵히 제 삶을 살아갈 뿐이다.

비슷한 식물로 '큰망초'가 있다. 남미가 고향이고, 남부지방에 자라던 것이 바닷가를 따라 번식해 중부지방에서도 발견된다. 형제 식물 '실망초'는 망초에 비해 꽃이 두세 배 정도 크고 잎이 뒤틀려 있는 점이 특징이며, 큰망초와 마찬가지로 남미가 고향인 한해살이 또는 두해살이풀이다.

나는 특히 '개망초'를 좋아한다. 줄기와 가지 끝에

망초. 구한말 개항 이후 유입되어 전에 볼 수 없었던 이상한 풀이 전국에 퍼지자 나라가 망할 때 돋아난 풀이라 하여 '망초'라 부르게 되었다고 한다.

흰색의 머리모양꽃(두상화)이 여럿 모여 피는데, 중앙부에 노란색의 관모양꽃(관상화)이 달리고 그 둘레로 흰색의 혀모양꽃(설상화)이 장식처럼 꾸며 핀다. 영락없는 계란프라이 모양이다. 계란꽃이 아니라 개망초가 맞다고, 더욱이 개망초는 우리 꽃이 아니라 북미가 고향인 귀화식물이라고, '망초'로도 부족해서 부정적 의미의 접두어 '개' 자를 붙인 이름 개망초가 진짜 이름이라는 사실을 알았을 때 나는 정말 큰 충격을 받았다. 계란꽃과 함께했던 어린 날의 기억들이 다 지워지는 기분마저 들었다. 여전히 개망초를 자생식물로 알고 있는 사람들이 많을 것이다. 망초와 마찬가지로 사람의 손길과 발길이 닿는 땅

개망초는 사람의 손길과 발길이 닿는 땅이면 어디든 잘 자란다. 달리 말해 사람에 의해 교란된 곳에서 자라는 것이다. 꽃은 영락없는 계란 프라이 모양이다. 그래서 '계란꽃'으로도 불린다. 북한에서는 '들잔꽃풀'이라고 부른다.

이면 어디든 잘 자란다. 달리 말해 사람에 의해 교란된 곳에서 자란다. 지금의 내 마당에서도 과거의 내 고향에서도 가장 많은 땅을 점유하는 꽃이 바로 개망초다. 개항 이후 우리가 걸었던 많은 길에는 개망초가 한들대며 피어 있었을 것이다. 그 이름에서 우리 민족의 설움이 읽히기도 한다. 개항을 전후로 맞이한 한반도의 고난과 역경을 지켜본 꽃이라는 생각이 들어서 가만히 보듬어주고 싶기도 하다.

황소개구리나 베스처럼 우리 토종생물의 삶을 방해하는 종을 '생태계교란종'이라 부르며 특별히 관리하는데, 귀화식물 중에도 드물게 생태계교란종이 있다.

바로 '가시박'이다. 가시박은 병충해에 강한 장점 때문에 오이나 호박 등 박과 작물의 접목묘 대목臺木용으로 1980년대 후반에 도입되었다. 그 목적이 무색하게도 지금은 식물계의 황소개구리가 되어 우리나라 하천변에서 천덕꾸러기 행세를 하고 있다. 북미 원산의 이 식물은 '유럽·지중해 식물보호기구(EPPO)'에서도 해로운 외래식물로 지정하였고, 일본 국토교통성에서는 지속적인 제거 작업을 권장하고 있다. 가시박은 발아력과 생존력이 무척 강인한 식물이다. 봄에 싹을 틔워 서리가 내리기 전까지 연중 발아와 개화를 계속한다. 열매는 물을 따라 멀리 이동하며 집단으로 싹을 내어 넓게 번식하기 때문에 무서운 속도로 영역을 확장한다. 특히 4대강 사업 이후 그 물길을 따라 엄청난 번식에 성공했다. 과거의 그 하천 주변에는 우리 식물 '쥐방울덩굴'이 살았다. 1990년대 후반의 하천 정비사업과 이명박 정부의 4대강 사업 이후 쥐방울덩굴이 살던 자리는 거의 가시박 차지가 되었다. 가시박이 무슨 잘못이 있을까. 서로 다른 곳에 살던 가시박과 쥐방울덩굴이 한 곳에서 만나 경쟁하도록 만든 인간의 탓이다.

쥐방울덩굴이 사라지면서 꼬리명주나비도 그 긴 꼬리를 감추어버렸다. 크고 화려한 날개와 명주실처럼 아름다운 긴 꼬리를 가진 꼬리명주나비는 쥐방울덩굴에 기대어 산다. 일반적으로 나비의 애벌레는 다양한 식물을 먹는데, 꼬리명주나비 애벌레는 오로지 쥐방울덩굴만을

쥐방울덩굴은 하천가에 자라는 덩굴식물이다. 꽃은 트럼펫을 닮았다. 이 관 모양의 꽃 속으로 작은 곤충들이 들어가서 식물의 수분을 돕는다.

먹는다. 그곳에서 일평생을 살며 나비가 되어 진주 같은 작은 알들을 다시 쥐방울덩굴 잎에 촘촘히 낳는다. 그래서 쥐방울덩굴을 찾으면 으레 꼬리명주나비를 만날 수 있다. 하지만 쥐방울덩굴이 사라지기 시작하면서 꼬리명주나비도 개체수가 급격히 감소했다. 데이비드 애튼버러는 그의 유명한 저서 《식물의 사생활The Private Life of Plants》

에서 식물이 없다면 어떤 종류의 동물도, 어떤 생명체도 존재할 수 없다고 역설한 바 있다. 과연 몰랐을까. 식물도 개발을 우선시하는 정부의 사과를 간절히 기다리고 있을지 모른다.

북한의 식물학자들도 귀화식물에 대한 관심이 많다. 2009년 10월 박형선, 주일엽 등이 평양에서 편찬한 《조선민주주의인민공화국의 외래식물목록과 영향평가》에는 귀화식물의 종류와 그들이 미치는 영향이 꼼꼼하게 기록되어 있다. 나는 새로운 식물을 학습할 때 국내 식물도감보다 북한의 식물도감을 먼저 보는 편이다. 그 이유는 용어 때문이다. 일본식 한자를 섞어 쓴 국내 도감의 설명과 달리 순우리말로 풀어쓴 북한의 도감은 훨씬 쉽게 읽힌다. '미국개기장'에 대한 정보를 찾을 때도 그랬다. 남한의 식물학자들은 그 이름을 두고 기장을 닮았지만 먹지는 않기 때문에 부정적인 의미의 접두어 '개'를 붙이고, 북아메리카에서 들여왔다는 뜻을 더해 '미국개기장'이라 부른다. 같은 식물에 대해 북한의 식물학자들은 부정적인 의미인 '개'를 지우고 그 식물이 사는 습한 환경인 '벌'을 접두어로 붙여 '벌기장'이라 부른다. 식물을 공부하는 입장에서 내게는 후자가 더 쉽게 기억된다. 특히 순우리말로 적힌 설명을 읽을 때 식물에 대한 이해가 더욱 또렷해진다. 북한의 식물학자들이 벌기장을 설명한 원문의 일부를 옮긴다.

미국개기장. 북미가 고향인 한해살이 볏과 식물로, 자생식물인 개기장에 비해 잎이 크고 길며 줄기가 튼튼한 편이다. 가지가 많이 갈라지는 원뿔모양 꽃차례에 녹색 꽃이 성글게 핀다. 이따금씩 율무밭에 침입하여 불청객 역할을 자처하기도 한다.

북아메리카 나라들과 거래과정에 우연히 전파되어 (중략) 우리 나라에 귀화된 종으로 인정된다. 벌기장이 자라는 생육지들에서는 정상적으로 꽃피고 열매를 맺으면서 매우 조밀한 밀도로 단순군락을 형성하면서 생육하고 있으며 따라서 그 지역에서는 다른 본래의 종들을 억제하는 현상이 명백히 나타난다. 그러나 우리 나라 조건에서는 6~7월 초 사이에 싹터 자라기 시작하므로 자기 생육에 적합치 못한 메마른 곳에서는 봄에 일찍 자라는 종들에 의하여 생육이 억제되며 다음해에 련속하여 자기 생육지를 유지하는 능력이 대단히 약한 것으로 하여 식물상에 대한 부정적인 영향은 관찰되지 않는다.

과학적인 근거를 제시하며 낯선 외래식물이 자국에서 부정적인 영향은 미치지 않는다고 정확하게 짚어주는 것이 내게는 아주 인상적이었다. 인간의 활동으로 국내에 도입된 많은 귀화식물이 본의 아니게 천덕꾸러기 신세를 면치 못하는 게 내심 마음이 쓰였기 때문이다. 식물은 아무 죄가 없다. 그들은 '원산지에서 따라온 그리움이 멍울처럼 뭉쳐 있어서' 낯선 타국에서 더 강인하게 살아갈 뿐이다.

작지만 우아한 이끼

초등학교 4학년 때였던가. 수업 준비물이 솔이끼와 우산이끼였던 적이 있다. 당시 내가 자란 시골 마을에서는 집집마다 마당에서 그 이끼들을 어렵지 않게 구할 수 있었다. 각자의 집에서 가져온 이끼를 친구들과 나는 돋보기로 관찰하고 하얀 종이 위에 색연필로 그려보았다. 두 이끼의 닮은 점과 다른 점을 적어보는 일도 빠뜨리지 않았다. 그날은 눈길이 덜 가는 마당 구석진 자리에 살던 이끼라는 존재가 특별한 생명체가 되어 내게 다가온 날이다. 그들을 집에서 구할 수 있었다는 게 지금 생각하니 참으로 새삼스럽다. 초등학교 교사인 언니에게 물으니 요즘에는 동영상 자료를 활용하거나 과학 교육 재료를 판매하는 업체에서 이끼를 구한다고 했다.

식물을 공부하면서 나는 자연스럽게 이끼와도 가까워졌다. 지구상의 식물은 크게 꽃이 피고 열매를 맺는 꽃식물(종자식물)과 그렇지 않은 민꽃식물(무종자식물)로 나뉜다. 전자에 해당하는 것이 흔히 우리가 초본과 목본으로 구분하여 말하는 식물이고, 후자에 해당하는 것이 물에서 사는 녹조류를 비롯한 이끼류(선태식물)와 고사리류(양치식물)다.

약 4억 5천만 년 전에 물에 살던 녹조류가 진화해 육지에서의 삶을 선택한 식물계의 개척자가 바로 이끼다. 진화라는 관점에서 볼 때, 이끼에서 시작된 녹색식물은 제 몸 안에 전에 없던 관다발을 만들어 고사리류(양치식물)로 나아가고, 목질부를 견고히 하여 나무(겉씨식물)가 되고, 종자를 훨씬 더 안전하게 보호하는 속씨식물로 거듭났다. 그래서 식물학자들은 오늘날 육상식물을 이해하기 위한 단서를 이끼에서 많이 찾는다. 그 시작은 우산이끼와 솔이끼다.

학자들은 이끼를 '선태蘚苔식물'이라고 부르는데, 솔이끼류를 뜻하는 '선류'와 우산이끼류를 뜻하는 '태류'를 합친 말이다. 학술적으로 선태식물은 우산이끼강, 솔이끼강, 뿔이끼강 등 크게 3개의 강綱, class으로 이루어진다. 솔이끼류(선류)는 잎에 맥이 있고, 자손을 생산하는 포자를 담고 있는 '삭'의 수명이 긴 편이다. 우산이끼류(태류)는 잎에 맥이 없고 솔이끼와 달리 삭의 수명이 2~3일에 그친다. 뿔이끼류는 이름처럼 삭을 달고 있는 포자체가 길쭉한 뿔모양이다. 솔이끼류나 우산이끼류에 비해 몸체가 작은 편이며 형태가 불분명한 잎은 녹색이다.

우산이끼. DNA 유전자 분석 결과는 우산이끼류를 지구상에 가장 먼저 출현한 이끼로 본다.

최근의 DNA 유전자 분석 결과에 따르면 지구상에 가장 먼저 출현한 이끼는 우산이끼류다. 그다음 솔이끼류와 뿔이끼류 순이다. 현대 과학은 지구상에 인류가 출현한 시기를 지금으로부터 30만 년 전으로 추정하는데, 우산이끼는 육상의 녹색식물로 자그마치 4억 년을 넘게 살아온 생명체다. 우산이끼를 처음 관찰하고 탐구했던 그날 그때처럼 그들은 여전히 내게 너무나 특별한 존재다.

우산이끼가 달고 있는 우산 모양의 구조물을 자세히 살펴보면 우산살 모양으로 잘게 갈라진 무리와 덜 갈라진 무리 두 종류가 있다는 것을 알 수 있다. 이는 암그루와 수그루의 차이이다. 암그루의 잘게 갈라진 우산 모양의 구조물 가운데에는 난자를 보호하고 있는 암생식

기관인 장란기가 숨어 있다. 수그루의 덜 갈라진 구조물은 가장자리의 얕은 갈래 사이사이에 수생식기관인 정자 주머니를 품고 있다. 물기가 부족한 육지에서 난자를 안전하게 보호하기 위하여 암그루 안에 난자를 품게 된 이 전략은 현존하는 모든 식물이 취하는 방법이다. 난자가 자궁 속에서 보호받는 것은 인간 또한 마찬가지다. 이 탁월한 방법을 지구상에서 이끼가 가장 먼저 생각해낸 것이다.

우산이끼류에는 예쁜 이름이 정말 많다. 우산보다 삿갓을 좀 더 닮은 삿갓우산이끼도 있고, 우리 민중의 모자였던 패랭이를 쏙 빼닮은 패랭이우산이끼도 있다. 또 잎이 꽃게 발 모양을 하고 있는 꽃게발이끼도 있고, 엄마의 마음처럼 잎이 둥글고 넓은 엄마이끼도 있다. 이름처럼 예쁘장하게 생긴 리본이끼와 날개이끼도 빼놓을 수 없다. 이끼는 아주 작은 세상에서 살기 때문에 맨눈으로 보기는 어렵고 그들 잎의 정확한 모양은 현미경으로 볼 때 또렷해진다.

내가 초등학교 때 관찰했던 우리집 마당의 솔이끼는 들솔이끼였다. 진짜 솔이끼는 드물게 자라기 때문에 쉽게 만날 수는 없다. 나도 몇 해 전 한라산과 백두산 탐사 때 운 좋게 만난 게 전부다.

솔이끼류 중에 물이끼는 물을 머금는 능력이 대단하다. 과거 물에서 살던 옛 선조들의 생존 방식을 몸에 새기고 있어서 거의 수생식물처럼 물 가까이에서 산다. 이

우산이끼류의 이끼들. 위에서부터 아래로 삿갓우산이끼, 패랭이우산이끼, 엄마이끼. 이끼는 아주 작은 세상에서 살기 때문에 현미경으로 봐야 잎의 형태가 또렷해진다.

들솔이끼(위쪽)와 솔이끼(아래쪽). 들솔이끼는 길가와 민가 주변의 응달진 곳에 주로 자란다. 솔이끼는 아주 드물어서 쉽게 만날 수 없다. 높은 산지의 습한 땅에 모여 자란다.

를테면 습지 같은 곳. 육지로 올라온 솔이끼류는 건조를 대비하여 만반의 준비를 하고 있다. 잎과 줄기•는 물을 잘 흡수하도록 설계되어 있다. 특히 잎은 광합성을 하는 엽록세포와 오로지 물을 흡수하기 위한 투명세포로 이루어져 있는데, 투명세포는 물을 쉽게 흡수할 수 있도록 스펀

지처럼 생겼다. 메말랐을 때와 비교하면 물을 머금을 수 있는 흡수량이 스무 배에 달한다. 물이끼의 스펀지 같은 세포벽은 물을 머금는 능력 외에 방부제 기능도 있다. 페놀 화합물을 지니고 있어서 그렇다. 덕분에 인류는 예로부터 생존을 위하여 전쟁터의 응급처치용 거즈, 여성들의 천연 생리대, 병원의 외과 수술용 붕대 등에 물이끼를 다양하게 이용했다.

물이끼는 제 몸에서 수소 이온을 방출하여 사는 곳을 산성화시키는 식물로도 유명하다. 물이끼로 인하여 산성화된 물에서는 생물체의 분해가 더뎌지고 그 때문에 서서히 쌓인 축적물은 이탄泥炭, peat이 된다. 물이끼가 이탄이끼, '피트모스'로 불리는 이유다. 농원이나 정원에서 널리 사용하는 바로 그 피트모스다. 물이끼는 이탄층을 수천 년 넘게 켜켜이 쌓아 그 드물다는 고층습원을 만들기도 한다. 우리나라에는 고층습원이 딱 한 곳 있는데 천연기념물이자 람사르협약 습지로 등록된 대암산 용늪이다. 해발 1,304미터의 대암산 정상 부근에는 약 4천5백 년간 꾸준히 퇴적된 이탄층이 축구장 크기로 펼쳐져 있다. 물이끼가 쌓은 이탄층의 평균 깊이는 1미터가 넘는다. 이 용늪으로 말할 것 같으면 조름나물, 제비동자꽃

• 이끼류는 우리가 아는 다른 식물처럼 잎과 줄기가 정확하게 나뉘지 않기 때문에 용어를 달리 쓰기도 한다. 학술적으로는 잎과 같은 형태라는 의미의 '엽상체', 줄기와 같은 형태라는 의미의 '경엽체'라는 용어를 사용하지만, 이 글에서는 형태적 특징에 따라 잎과 줄기로 표현했다.

물이끼는 물을 머금는 능력이 대단하다. 또한 수소 이온을 방출하여 사는 곳을 산성화시키는 식물로도 유명하다.

등 다양한 멸종위기종의 서식지일 뿐 아니라 백두산에 자라는 비로용담의 남한 내 유일한 자생지로, 식물학자들의 성지 같은 곳이다. 태생적 특성과 민통선 이북 지역이라는 이유에서, 용늪의 보전을 담당하는 원주지방환경청과 민북지역(민간인출입통제선 이북 지역)을 관할하는 육군 제12사단의 허가가 있어야 들어갈 수 있다. 나는 식물탐사를 위해 몇 번 용늪에 입장할 수 있었다. 그곳에서만 볼 수 있는 희귀식물들, 삿갓사초의 장엄한 풍경, 이탄층의 일렁임, 카펫처럼 깔려 있던 물이끼의 군무… 물이끼가 빚은 용늪은 매번 나를 고조시켰다.

내게는 만날 때마다 사랑에 빠지게 되는 솔이끼 종류가 있다. 바로 서리이끼와 구슬이끼다. 서리이끼는

서리가 내린 것처럼 보얗게 바닥에 깔려 자라는 서리이끼(위쪽). 구슬이끼는 포자를 담고 있는 삭이 둥글고 반질반질한 구슬 모양이다(아래쪽).

정말이지 갓 내린 서리처럼 보얗게 바닥에 깔려 자란다. 바싹 메말라 있다가도 수분만 얻으면 금세 새롭게 피어나는 신의 축복과 같은 능력이 그들에게 있다. 구슬이끼는 산속 물기 머금은 바위에 산다. 내가 산에서 바위 앞을 쉽게 지나치지 못하고 머뭇거리게 된 까닭도 구슬이끼가 사는지 유심히 살피기 위해서다. 포자를 담고 있는 삭이 둥글고 반질반질한 구슬 모양을 한 구슬이끼는 바싹 말라 한껏 움츠리고 있다가도 수분을 얻으면 짙은 초록색 잎을 시원스레 펼친다. 빼곡하게 모여 자라는 모습은 카펫이나 매트를 깔아놓은 것만 같다. 최근 플랜테리어, 실내외 조경, 정원 가꾸기와 같은 분야에서 이끼가 모여 사는 '이끼매트'가 인기를 얻으면서 그들이 상업적으로 거래되기에 이르렀다.

서리이끼와 구슬이끼가 포털의 쇼핑에서 검색되는 것이 내게는 참 의아하다. 농사처럼 씨앗을 파종하고 키우는 일련의 과정으로 대량 증식할 수 있는 여느 식물과 달리, 이끼는 포자로 번식하기 때문에 인위적으로 그 수를 늘리는 것이 쉽지 않다. 현재 상업적으로 거래되는 그 많은 이끼매트를 얻기 위해서는 일부를 자연에서 채취할 수밖에 없는 노릇인데, 지금 거래되고 있는 그 많은 이끼들은 어디에서 어떻게 왔을까.

아메리카 원주민 출신의 여성 식물학자 로빈 월키머러가 쓴《이끼와 함께》를 아껴 읽었다. 저자는 이끼가 상업적으로 거래되면서 생기는 숲의 불균형을 지적하며 고목에 두껍게 자라는 이끼 카펫을 예로 들어, 이끼는 나무의 나이와 거의 비례해서 자라기 때문에 뜯겨나가는 이끼가 다시 그 자리에서 본 모습을 되찾기까지는 아주 오랜 시간이 걸릴 것이라고 말한다. 결코 지속가능할 수 없는 행위가 이끼 채취라는 것이다. 이끼가 뽑히면 이로 말미암아 숲의 호혜도 함께 사라진다는 점을 지적하며 그녀는 더는 방관자로 남아서는 안 된다고 준엄하게 말한다. 《이끼와 함께》의 부제는 '작지만 우아한 식물, 이끼가 전하는 지혜'다. 그 지혜를 더 많은 이들과 나누고 싶다.

다육식물 열풍의 뒷면

수목원에서 북방계식물을 보전하기 위해 만들어진 실험정원에는 땅에 박힌 별 같은 산솜방망이가 있다. 산솜방망이는 백두산을 비롯하여 몽골과 러시아의 추운 고산지대에서 살아남을 수 있도록 적응한 식물인데, 이른 봄에 틔울 새싹을 보호하기 위해 털을 잔뜩 뒤집어쓰고 겨울을 난다. 솜털 차림은 추위로부터 자신을 지키기 위한 전략이다. 이 작은 솜털은 눈에서 얻은 수분을 한올한올 저장하는 기능도 마다하지 않는다. 그렇게 봄에 틔울 새싹을 염두에 두면서 자신을 지키는 것이다.

식물은 혹독한 겨울을 나기 위해 만반의 채비를 한다. 생존에 필요한 최소한의 물과 햇볕을 어떻게 확보할지 궁리하고 봄이 올 때까지 남은 시간이 얼마나 되는지 계산한다. 모든 잎들을 떨어뜨리고 마치 생존을 멈춘 것처럼 보이지만 겨울에도 여전히 분주한 그들. 겨울을 나기 위해 식물은 자신이 지닌 에너지의 대부분을 뿌리

산솜방망이는 백두산을 비롯하여 몽골과 러시아의 추운 고산지대에서 살아남을 수 있도록 적응한 식물이다. 이른 봄에 틔울 싹을 보호하기 위해 털을 잔뜩 뒤집어쓰고 겨울을 난다.

에 쏟아 잎도 줄기도 다 시든다. 하지만 돌나물과 식물은 조금 특별하다. 묵은 가지는 시들지라도 뿌리에서 밀어 올린 어린싹이 땅에 바짝 붙은 채 겨우내 잎을 달고 있어서다. 지난 계절의 초록은 잊은 지 오래고, 잎은 단풍처럼 붉다. 엽록소를 생산해야 초록이 유지되는 것인데, 그

묵은 가지는 시들지라도 땅 가까이에 새순을 달고 겨울을 나는 돌나물과 식물 기린초. 춥고 일조량이 짧은 겨울에는 영양분이 충분하지 않아 엽록소 생산을 줄인다. 잎이 붉게 물든 이유다. 낮이 길어지고 일조량이 늘어 온기가 찾아들면 잎은 차츰 초록을 되찾는다.

힘을 아껴 생존에 투자하는 것이다. 그래서 단풍 든 모습으로 봄날의 번식을 준비한다. 생명력이 강한 친구들이다. 낮이 길어지고 일조량이 늘어 온기가 찾아들면 그들 잎에 초록이 내려앉을 것이다. 이처럼 강인한 생명력은 돌나물과 식물의 주무기다. 돌 틈에서도 잘 자란다. 그래서 이름도 돌나물이다. 척박한 땅에서도 살아남기 위하여 그들은 제 몸 안에 수분을 되도록 많이 비축하는 전략을 택했다. 수분을 가능한 한 많이, 최대한 오래 저장하도록 잎을 두툼하게 설계한 것이다. 그 식감이 좋아서 우리가 즐겨 먹는 돌나물 잎은 생존 전술의 결과물이다.

일상에서는 돌나물이 익숙하지만 산과 들에서 내가 주로 만나는 돌나물과 식물은 기린초다. 기린초의 혈통을 나타내는 속명은 '*Sedum*'이다. 라틴어 'sedeo'에서 온 것인데 바위 주변에서 자란다는 뜻이다. 기린초라는

식물탐사로 종종 만나게 되는 태백기린초. 백두대간을 따라 이어지는 큰 산에 드물게 자란다. 샛노란 꽃이 오종종 모여 피고 그 둘레에 두툼한 잎이 장식처럼 돌려난다.

우리 이름은 낯설지라도 '세듐'은 요즘 널리 알려졌다. 다육식물로 인기가 높기 때문이다.

앞서 소개한 산솜방망이나 돌나물과 식물처럼 척박한 환경에서 스스로 수분과 빛을 최대한 얻을 수 있도록 적응한 식물을 통칭해서 '다육식물'이라 부른다. 저마다 혈통도 다르고, 각자 다른 모습으로 다른 장소에서 살지만 극한 환경에서 살아남도록 진화했다는 공통점이 있다. 다육식물로 인기가 높은 리돕스는 아프리카 나미브 사막이 고향이다. 대서양을 따라 길게 이어진 그곳은 아프리카에서도 가장 건조한 지역에 속한다. '나미브Namib'는 원주민들의 언어로 '사람이 없는 땅' 또는 '아무것도 없는 땅'을 뜻한다. 하지만 그 '없는 땅'에 자신의 몸에 물을 저장하는 방법을 고안해낸 리돕스가 산다. 잎의 모양도 구조도 수분을 체내에 보관하기 위해 정확하게 맞춰진 식물. 그 전략은 구체적이고 치밀하다.

잎의 모양은 말발굽을 뒤집어 땅에 꽂은 형상인데, 부피에 대한 표면의 비를 줄여서 물을 머금기 가장 적절한 모양을 택한 것이다. 사막의 강한 자외선에 맞서 수분 소실을 어떻게든 막기 위해 표면을 최대한 두껍게 유지한다. 내부 조직은 수분을 저장하기 위해 구조적으로 간소해졌다. 통기 기능을 하는 조직을 없애거나 감소시켜 몸 안에서 일어나는 수분 소실을 완벽하게 차단한 것이다. 덕분에 물을 품고 있는 리돕스는 사막의 작은 오아시스와도 같다. 그래서 물 대신 리돕스를 찾는 포식자의 눈에 띄지 않아야 한다. 리돕스는 이들에게 잡아먹히지 않으려고 주변의 돌과 비슷한 색깔과 모양을 하고 있다. '리돕스*Lithops*'라는 속명도 '돌을 닮았다'는 뜻으로, '돌'을 뜻하는 고대 그리스어 'lithos'와 '얼굴'을 뜻하는 'ops'를 합친 말이다. 영어로는 '조약돌 식물pebble plants'

(위쪽)리돕스 줄리*Lithops julii*는 마치 말발굽이 땅에 박힌 모양이다. 자신의 몸에 물을 저장하는 방법을 고안해낸 덕에 사막에서의 생존에 성공했다. 주변의 환경에 맞춰 보호색을 띤 잎 사이에서 흰 꽃이 핀다.(사진: Dornenwolf, CC BY 2.0)
(아래쪽)리돕스는 수분 소비를 최소화하기 위해 어둡고 서늘한 곳, 즉 땅속뿌리 근처의 잎에서 광합성을 한다. 뿌리와 가까울수록 녹색이 선명해지는 이유다.(사진: yellowcloud from Germany, CC BY 2.0)

또는 '살아 있는 돌living stones'이라 부른다. 그들의 보호색에 단순히 의태 기능만 있는 건 아니다. 리돕스는 수분 소비를 최소화하기 위해 어둡고 서늘한 곳, 즉 땅속뿌리 근처의 잎에서 광합성을 한다. 식물의 녹색을 발현하는 기관인 엽록체가 땅속에 있기 때문에 초록이 드러나는 부위도 지하에 은신하게 되었다. 사막에서 초록의 노출은 너무 위험하다.

아프리카 최남단 해안가에 사는 다육식물 하워르티아속*Haworthia* 종들은 수분을 조금이라도 더 보호하기 위하여 또 다른 전술을 쓴다. 알로에나 용설란처럼 잎을 좁고 두툼하게 만들어서 제 몸 안의 수분을 최대한 지키는 쪽으로 적응한 종이 하워르티아 아테누아타*H. attenuata*다. 쉽게 상처가 생겨 수분을 잃지 않도록 잎 표면에 하얀색 돌기를 얼룩무늬처럼 둘러 무장하고 있다. 이 때문에 하워르티아 아테누아타는 '얼룩말 하워르티아Zebra haworthia'로 불린다. 수분 손실을 최소화하기 위하여 그늘진 절벽을 삶의 터전으로 선택한 하워르티아도 있다(하워르티아 에멜리아에*Haworthia emelyae*, 하워르티아 킴비포르미스*Haworthia cymbiformis* var. *obtusa* 등). 뙤약볕 아래와 달리 절벽의 그늘진 자리는 수분 손실을 피할 수 있는 적지니까. 하지만 그 자리에서는 식물의 양식과도 같은 빛을 얻는 일이 문제다. 지구가 자전하는 하루 동안 그늘진 자리에 닿는 최소한의 빛을 최대한 흡수할 수 있도록 고민한 결과, 이들은 동서남북 어디에서도 빛을 고루 받을 수 있도록 각이 진 통통한 몸을 갖게 되었다. 거기다가 잎의 표면은 투명한 유리창처럼 빛이 잘 통과할 수 있는 구조다. 우리나라에서 그 넓은 태양광 패널을 설치하

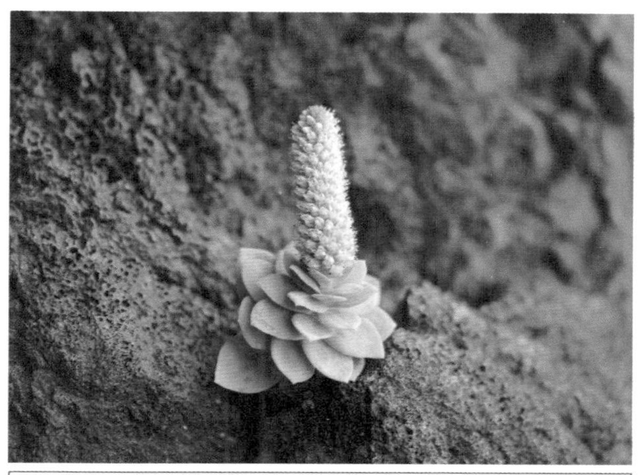

연화바위솔. 어린 개체는 국내에서 인기 있는 다육식물 에케베리아를 닮았다. 원기둥 모양으로 올라오는 것이 꽃대다.

기 위해 애먼 산을 깎는 모습을 마주할 때 나는 이 작고 위대한 식물을 생각한다.

우리나라에서 아마 가장 친숙한 다육식물은 에케베리아일 것이다. 실제 고향은 코스타리카와 과테말라를 비롯하여 아메리카의 주요 커피 산지와 같다. 우리나라에서 재배되는 전체 다육식물 가운데 에케베리아가 차지하는 비율은 70퍼센트나 된다고 한다. 이들에 대한 수요가 많으니 일찍이 2012년부터 경기도농업기술원 선인장다육식물연구소에서는 다양한 에케베리아 신품종을 개발하고 재배농가에 보급하고 있으며 해외로 수출도 하고 있다.

에케베리아는 우리 식물 연화바위솔을 닮았다. 예전부터 일본에만 자라는 식물로 여겨왔는데 1977년 제주대학교 이종석 교수팀이 서귀포 해안가에서 자라는 것을 학계에 보고하며 국내 분포가 세상에 알려지게 되었다. 절벽에 붙어 자라는 모습이 마치 연꽃 같다고 해서 발표 당시 '바위연꽃'이라 이름 붙였으나 식물분류학자들에 의해 '연화바위솔'로 정리되었다. 이후 제주도를 비롯하여 강원도 동해안 등지에서도 종종 발견되었지만 보이는 족족 채취당하다 보니 지금은 아주 보기 드문 식물이 되었다. 겨우 살아남은 개체만이 인간을 피해 해안가 절벽에 숨어 산다.

2018년 캘리포니아 북부지역의 조용한 해안마을 멘도시노에서 언론에 대서특필된 절도 사건이 있었다. 그 마을의 해안가 절벽에 사는 다육식물 두들레야를 불법으로 채취하여 밀수하는 한국인 2명이 체포된 것이다. 2018년 4월 27일 〈가디언〉 환경 기사는 중국과 한국에서 다육식물의 인기가 급증하여, 고도로 조직된 국제 밀수조직이 캘리포니아의 두들레야를 불법으로 채취했다는 소식을 전했다. 〈가디언〉은 두들레야를 "밀수에 노출된 캘리포니아 힙스터 식물"로 소개하며, 이들을 중심으로 한국과 중국에서는 '다육 붐'이 불고 있다고 설명했다. 한국의 주부들이 다육식물 수집에 열광하여 부부 사이의 불화가 다육이에서 비롯되기도 한다는 다소 조롱 섞인 문장을 싣기도 했다. 기사는 중국의 이른바 힙스터

들은 한국에서 유행하는 모든 것을 좇으므로 중국에서 다육식물의 인기도 그 연장선에 있다는 견해도 담았다.

2019년 2월 12일 〈뉴요커〉는 "다육식물 밀수업자가 캘리포니아를 습격하다"라는 기사에서 〈가디언〉의 기사를 소개하며 다육식물의 불법 채취와 밀수에 대비하기 위해서는 밀수업자들을 강력히 처벌하고 암시장을 파괴해야 한다는 전문가의 의견을 싣기도 했다. 그 외에도 이 사건을 마약 밀수조직에 비유하며 다육식물을 불법으로 채취한 다른 아시아인들의 사건이 몇 건 더 보도되기도 했다.

학계에서도 한국인의 다육식물 밀수사건을 주목했다. 자연과 인류를 생태학적이고 진화적인 관점에서 폭넓게 해석하고 논의하는 학술지 〈생태와 진화의 최전선 Frontiers in Ecology and Evolution〉에는 2020년 10월에 '한국의 주부와 힙스터들이 새로운 식물 밀수를 주도하는 건 아니다'라는 주제의 논문이 게재되었다. 이 논문에서 미국의 앨라배마대학교 지리학과의 재러드 마굴리스 교수는 2018년 4월의 〈가디언〉 환경 기사를 언급하며 다육식물 밀수사건의 원인을 명확히 파악해야 한다고 지적했다. 한국의 다육식물의 문화를 객관적으로 분석하여, 밀수사건으로 야기된 미국 내의 추측성 원인 분석에 비판적인 견해를 제시한 것이다.

마굴리스 교수는 한국의 다육식물에 대한 열광을 코뿔소 뿔이나 코끼리 상아 밀수와 비교하는 것은 과장이라고 짚으며 그 보도가 정확하지 않다고 평가했다. 한국은 이미 다육이에 대한 수요와 공급을 계산하여 두들레야를 개발하고 증식하는 체계를 갖추었고, 이미 합법적인 다육이 거래 시장이 형성되어 있다는 것이다. 무엇보다 미국이 한국과 같이 다육이에 대한 국제적 수요를 인지하고 자생지 보전과 시장 확보를 동시에 꾀할 대책을 마련해야 한다고, 불법 거래가 이루어지는 배경과 동기를 이해할 때 비로소 불법 야생 거래를 완화하는 힘을 얻을 수 있다고 했다. 이를 위하여 생물학자와 범죄학자, 지리학자, 인류학자들의 학제 간 논의와 참여가 필요하다고도 덧붙였다.

캘리포니아에서 두들레야를 불법으로 뜯던 그들 무리의 행각은 2019년 남아프리카에서도 확인되었다. 미국에서 두들레야를 불법으로 채취한 혐의를 피하기 위해 아프리카로 도피한 한국인들이 그곳의 다육식물 코노피툼*Conophytum* 6만 개 이상을 불법으로 채취하다가 체포된 것이다. 이 사건을 보도한 2020년 2월 1일 남아프리카공화국 현지 신문 〈타임즈라이브〉 기사를 통해 그중 일부는 최소 200년이 넘었고 350년 이상 된 것도 있다는 것을 알 수 있었다. 현지의 소식통은 야생 생물의 불법 거래를 마약 조직의 범죄와 비교하기도 했다. 식물은 자연이 만드는 것이기 때문에 인간이 계산할 수 없을 만큼 가치 있는 것이고, 따라서 식물을 불법으로 채취하고 거래하는 일은 마약 밀거래보다 더 무거운 범죄일 수도 있다고 전했다.

극한 환경에서도 자신에게 주어진 환경을 이겨내고 살아남은 다육식물들. 불법 채취를 일삼는 인간들은 그토록 치열하게 살아남은 고귀한 생명을 단 몇 분 만에 도려내어 불법으로 팔아넘긴다. 우리가 무심코 키우는 다육이가 그런 경로를 통해서 왔다고 생각하면 내 마음은 바위처럼 무거워진다.

미나리와 습지의 공생

미나리, 하면 돌아가신 할머니가 생각난다. 어릴 적에 나는 할머니가 마당에 가꾼 화초류, 산과 들에서 모아온 산채, 수확한 농작물을 통해 식물의 생김새와 쓰임, 이름을 익혔다. 나에게 식물의 면면을 처음 알려준 선생님이 우리 할머니다. 미나리를 심어 기르는 장소를 가리켜 할머니는 '미나리꽝'이라고 불렀다. '꽝'이란 땅이 걸고 물이 고이는 자리로, 미나리를 재배하기 위해 다듬고 관리하는 곳이다. 그 질펀한 땅을 엉거주춤 밟는 게 좋아서, 여린 미나리 잎이 내 종아리를 살살 건드리는 게 좋아서 나는 툭하면 맨발로 미나리꽝에 들어갔다. 거머리 조심해라. 물뱀 나온다. 서둘러 장화를 챙기며 외치던 할머니의 고함소리가 아직도 생생하다.

미나리는 금세 수북하게 자랐다. 빼곡하게 모여나는 그 줄기를 한 움큼씩 쥐어 낫으로 베면 초록으로 꽉 찼던 미나리꽝의 미나리들이 바리캉으로 깎인 머리처럼

미나리 꽃. 미나리와 같은 혈통에 속하는 식물은 모두 '산형화서(우산모양꽃차례)'라는 비슷한 꽃 모양을 띤다. 그들을 묶어서 학술용어로 '산형과'라고 부르는 이유다.

열 맞춰 매끈하게 잘렸다. 수확한 미나리는 고스란히 밥상으로 옮겨졌다. 할머니의 김밥에는 반드시 데친 미나리가 들어갔다. 맛도 모양도 다양해진 요즘의 김밥이 어쩐지 내게는 시시하다. 초록의 절정이 무엇인가를 알려주는 미나리향이 없기 때문이다. 생으로 먹을 때는 거머리가 밥상까지 따라오니 조심해야 한다. 할머니는 내가 배앓이를 하는 밤에는 당신이 다급하게 짓이겨 만든 미나리즙을 코를 쥔 채 마시도록 했다. 《동의보감》 '잡병편'에서 어린아이의 배탈을 미나리로 다스리라는 대목을 알게 된 것은 할머니가 돌아가시고 난 후의 일이다.

미나리꽝이 어린 내게는 거의 완벽한 생태학습장이었다. 미나리의 식물학적 특성과 습지라는 생태 공간을 일찍이 그곳에서 배웠다. 미나리꽃을 관찰하는 시간, 안개꽃처럼 자잘한 하얀 꽃이 소복하게 모여서 꽃의 공동체를 이루는 그 광경을 지켜보는 일은 예나 지금이나 좋다. 그 작은 꽃 한 송이 한 송이가 저마다 가는 꽃대에 달려 정확히 한 지점에 모이고, 그대로 잎을 달고 있는 몸체로 이어진 모양이 마치 바람에 뒤집힌 우산 같다. 미나리와 같은 혈통에 속하는 식물은 모두 그 비슷한 꽃을 피우기 때문에 그들을 묶어서 학술용어로 '산형과傘形科'라고 부른다.

나는 습지의 소멸을 미나리꽝에서 보았다. 늦둥이 동생이 태어난 해였으니 1994년으로 기억한다. 모내기철이 끝나고 극심한 가뭄이 길게 이어졌고 온 동네가 말 그대로 '제 논에 물 대기'에 혈안이었다. 나락에 비하면 미나리는 뒷전이 될 수밖에 없었다. 미나리꽝 물대기는 꿈도 꿀 수 없는 일. 쩍쩍 갈라진 미나리꽝 바닥이 꼭 우리 할머니 손등 같네, 라는 생각을 하며 어떤 소멸의 풍경을 물끄러미 지켜보았다. 가뭄이 물에 기대어 사는 식물을 어떻게 죽일 수 있는지를, 그 식물을 찾아오던 작은 곤충들을 어떻게 끊어낼 수 있는지를, 습지라는 공간이 얼마나 순식간에 사라질 수 있는지를 지켜보았다. 이내 장마가 들고 미나리꽝은 습지의 면모를 회복했으나 그해 우리집 밥상에는 미나리가 오르지 못했다.

할머니가 떠나고 고향의 미나리꽝도 논밭도 본업을 잃은 지 오래다. 인간의 경작 활동이 멈춘 논과 밭이 때로는 습지식물의 안식처가 되어 생물다양성이 풍부한 곳으로 거듭난다. 하지만 묵혀두는 시간이 길어질수록 힘이 센 일부 식물들이 점령하게 되어 초기에 증가했던 다양한 식물의 수가 차츰 줄어들기 마련이다. 교란에 무방비한 곳이라는 방증이다. 이처럼 경작의 기능을 상실한 채 묵혀둔 논과 밭이 생태계에 미치는 영향 및 그 과정에 대한 기록과 관리의 중요성을 강조하는 생태학자들의 목소리가 높다.

이와 관련하여 세계 3대 과학저널 가운데 하나인 〈사이언스〉는 2016년 2월, 일본의 전통 계단식 논이 자연 생태계에 어떤 역할을 하는지 집중적으로 다루었다. 주로 고지대의 습지를 개간한 계단식 논은 그 가장자리에 일부러 풀을 자라게 하고 다듬어서 둑을 관리하기 때문에 특정 식물의 우점을 막을 수 있고, 다양한 종류의 식물을 지킬 수 있다고 한다. 그 다양한 식물이 각종 곤충과 동물을 불러 모으기 때문에 결과적으로 생물다양성이 더욱 높아진다는 것이다. 버려진 논이나 토지 정비를 한 대규모 논에서는 이런 가치를 찾아볼 수 없다는 고베대학교 연구진의 견해도 보인다. 저널은 1961년 이래 2,760제곱킬로미터의 논이 버려진 것을 두고 일본의 인구 감소와 식습관 변화로 쌀 소비량이 급감했기 때문이라는 일본 농림수산성의 자료를 소개하며, 일본은 계단식 논과 저수지, 숲 등이 한데 어우러진 산촌마을의 중요성을 인식하고 '사토야마里山'라는 소생태계를 지키고 되살리기 위해 힘을 쏟고 있다고 전한다.

우리나라에서도 그 중요성을 인식하고 전통 계단식 논을 보전하기 위한 연구가 꾸준히 진행 중이다. 〈계단식 묵논습지에서의 물이끼 서식 특성〉을 쓴 서울대학교 생물교육과 연구팀은 물이 아래로 흘러가는 계단식 논에는 비료가 오래 남지 않는다는 점을 들어 저지대의 대규모 논과 달리 전통 계단식 논은 자연의 고지대 습지와 유사한 생태 환경을 지닌다고 설명한다. 고지대의 습지에서만 발견되었던 물이끼가 안산시의 계단식 묵논에서 발견된 것을 그 증거로 꼽았다.

독미나리는 우리나라 습지에서 아주 드물게 자라는 멸종위기 식물이다. 미나리와 같은 혈통의 산형과 식물로 물을 좋아하는 습성, 꽃의 생김새, 질긴 생명력 등 비슷한 구석이 많은 편이다. 그런 독미나리가 남한에서는 왜 멸종위기 식물이 되었을까. 경제 논리 때문일 것이다. 미나리는 경제적 가치가 인정되어 먼 옛날부터 인간의 삶 속에서 보호받을 수 있었다. 사람들은 땅을 구하고 물을 가두어 미나리를 살리기 위한 터전을 인공적으로 만들었다. 반대로 인간의 경제 논리에서 외면당한 식물은 독이 있어서 먹지 못한 독미나리처럼 최소한의 생존 공간조차 얻지 못했던 것이다. 그들이 살던 습지의 많은 면적이 인간에게 필요한 도로와 건물을 짓기 위해 사라졌다. 그 위기를 간신히 면하기도 했다. 군산전북대병원 건립 부지로 낙점되었던 백석제는 개발보다는 보전의 가치가 더욱 크다는 것이 인정되어 훼손을 피할 수 있었다. 독미나리와 가시연꽃 등을 비롯한 멸종위기 습지식물이 백석제를 지켜낸 파수꾼이었다. 덕분에 백석제를 찾는 멸종위기 철새 물수리와 붉은배새매의 터전도, 고려 말 이전에 축조된 저수지라는 역사적 가치도 함께 보전될 수 있었다.

미처 알지 못했던 독미나리의 경제적 가치에 대한 연구가 최근 국제학술지에 속속 등장하고 있다. 이렇게 밝혀진 독미나리의 항염, 항암 효능은 신약 개발의 기초자료로 쓰일 것이다. 공포의 외래 해충으로 구분되어 '살인개미'라고도 불리는 붉은불개미를 생물학적 방법으로 방제하는 데 독미나리에서 추출한 독성이 효과적이라는 연구 결과도 돋보인다. 이제는 그들도 인간의 삶 속에서 보호받을 수 있을까.

배후습지라는 곳이 있다. 말 그대로 하천의 배후에 있는 습지다. 하천에 물이 넘쳤다 빠지기를 반복하다 보니 하천의 가장자리에 흙이 쌓여 자연제방이 만들어지고 그 바깥에 저절로 생긴 늪을 말한다. 한강과 낙동강을 비롯하여 우리나라의 큰 하천 주변에 으레 생긴다. 람사르협회가 지정한 습지인 우포늪도 이에 해당한다. 배후습지는 4대강 사업을 비롯하여 인위적인 하천 개발 행위가 있기 전에 더 많았다. 자연을 무시한 채 개발의 측면에서 보면 그곳은 더없이 편리하고 경제적인 공간이다. 높은 산을 애써 깎지 않아도 되고 깊은 하천을 어렵게 메우지 않아도 된다. 자연이 만들어준 제방을 등에 업고 저지대의 늪을 흙으로 적당히 채우기만 하면 되기 때문에 배후습지는 순식간에 사라질 수 있다.

서울개발나물의 등장은 식물학계에 배후습지에 대한 중요한 화두를 던졌다. 미나리처럼 산형과에 속하는 습지식물인 서울개발나물은 극동아시아의 희귀식물이다. 우리나라에서는 1902년 서울에서 처음 발견된 이후 하천 주변의 습지에 드물게 출현하다가 1967년 서울 구로의 습지에서 마지막 모습을 남긴 채 돌연 사라져, 2011년 낙동강 어느 습지에서 발견되기 전까지는 남한에서는 멸종된 것으로 여겼었다. 서울개발나물이 새롭게 발견된 낙동강 습지의 환경과 과거 그가 채집된 서울과 전주의 습지에 대한 기록을 맞추어보니 해답은 배후습지에 있었다. 서울개발나물은 배후습지에 뿌리를 내리는 식물인데, 배후습지가 소멸되니 따라서 사라진 것으로 볼 수 있다는 것이다. 환경부는 이듬해 서울개발나물을 멸종위기종으로 새롭게 지정하고 배후습지를 추적하여 서울개발나물의 복원 사업을 계획했다.

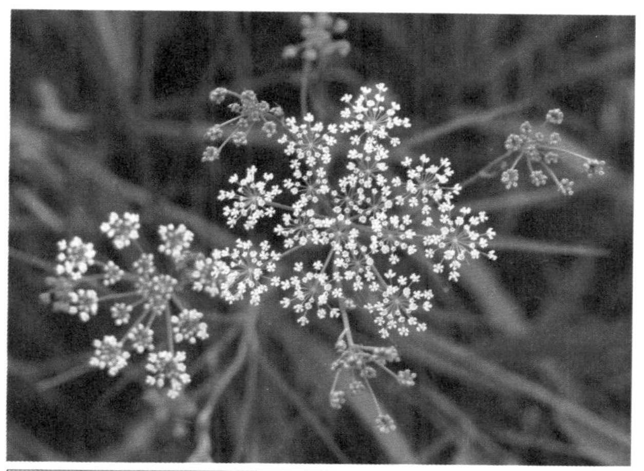

서울개발나물. 멸종된 것으로 추정했으나 44년 만에 낙동강 배후습지에서 발견되었다.

매년 2월 2일은 세계 습지의 날이다. 지구에서 습지가 얼마나 중요한지를 알리기 위해 국제연합은 1997년부터 습지의 날을 기념하고 있다. 그리고 개인적으로는 그로부터 며칠 후가 할머니의 기일이다. 그날을 기다리며 미나리 몇 뿌리를 구해서 화병에 꽂았다. 할머니가 알려주신 미나리의 생활사를 내가 제대로 기억하고 있다면 때맞춰 하얀 꽃이 필 것이다.

감태나무의 암그루만 사는 세상

잎을 다 떨군 활엽수가 사는 겨울 숲에서 눈에 확 띄는 나무들이 있다. 상수리나무나 신갈나무처럼 마른 잎을 땅에 내려놓지 않고 그대로 달고 서 있는 참나무류들이 바로 그들이다. 겨울에 나목과 상록수 사이에서 단연 돋보이는 그들 모습은 숲을 찾는 사람들의 발걸음을 붙잡곤 한다. 그 풍경이 환하지만은 않다는 게 좀 아쉽다. 버석하게 말라서 뒤틀린 잎은 어쩐지 처연해 보이고, 겨울이 깊어갈수록 떨어져 나무가 수척해 보이기 때문이다.

가로수로 즐겨 심는 대왕참나무도 마찬가지다. 빨리 자란다는 이점을 극도로 부각해서 미국은 자국의 대왕참나무를 세계 각지에 많이 팔았다. 우리나라에도 도입되어 근래 조성된 신도시들에는 거의 같은 연령대의 대왕참나무가 우후죽순 식재되었다. 경상북도청이 새로 들어서며 조성된 도시에는 심은 지 얼마 안 된 대왕참나무가 줄지어 서 있다. 겨울에 그 말라비틀어진 잎을 달고

겨울 숲의 나목과 상록수 사이에서 감태나무는 묵은 잎을 온전히 달고 있어서 유독 돋보인다. 봄이 와서 새순이 돋아날 때까지 그 잎은 떨어지지 않는다. 다소 옅은 갈색에 핑크를 몇 방울 섞은 듯 인디핑크와 애시핑크 사이 어디쯤 되는 빛깔이 인상적이다.

선 가로수들이 만든 길을 걸을 때면 우리 숲의 감태나무가 자꾸 생각난다.

마른 잎을 달고 겨울을 나는 활엽수 중에서도 감

태나무는 매우 특별하다. 잎이 마를지라도 그 모든 잎을 한장 한장 반듯하게 유지해서 결코 휘거나 비뚤어진 모습을 보이지 않는다. 봄이 와서 새순이 돋아날 때까지 묵은 잎을 떨구지 않고 온전히 지키는 감태나무는 그래서 겨울에 특히 더 근사하게 보인다. 무엇보다도 마른 잎의 색감이 압도적이다. 다소 옅은 갈색에 핑크를 몇 방울 톡 섞은 듯 인디핑크와 애시핑크 사이 어디쯤 되는 빛깔은 내게서 와, 하는 감탄의 소리를 기어이 뽑아내고야 만다.

감태나무가 잘 자라는 곳은 바닷가에 인접한 숲이다. 겨울에도 지지 않고 매달려 있는 감태나무의 갈색조 잎을 보고 바닷사람들은 그들이 물에서 건져 올린 갈조류 감태를 닮았다고 생각했다. 그래서 나무는 '감태'를 자신의 이름으로 얻었다. 잎에서 감태향이 난다고 감태나무라고 설명하는 자료도 있지만 그들 몸에서는 나무가 모여 사는 숲의 향기가 강하게 난다. 감태나무의 씨앗에는 그 향을 결정하는 오일 성분이 많기 때문에 동백나무처럼 기름을 짜서 쓸 수도 있다. 그 쓰임새에 덧붙여 잎의 뒷면이 유독 하얗다고 해서 북한에서는 감태나무를 '백동백나무'라고 부른다.

우아한 수형과 단정한 수피, 오묘한 꽃과 앙증맞은 열매, 오렌지빛 선명한 단풍으로 겨울이 아닌 계절에도 감태나무는 내내 멋지고 어여쁘다.

온 계절 아름다운 이 나무가 우리 숲에서 살게 된 사연을 알고 나면 눈이 휘둥그레질 것이다. 감태나무는

왼쪽 위에서부터 시계방향으로 감태나무의 꽃, 열매, 수형, 단풍.

암수딴그루로 한반도를 비롯하여 일본과 중국과 대만 등지에 자라는데, 어찌된 일인지 한반도와 일본에는 암그루만 산다. 암그루와 수그루가 함께 살아야 열매를 맺어 번식에 성공할 텐데 한반도와 일본의 감태나무는 놀랍게도 암그루 혼자서 그 일을 한다. 꽃가루받이를 통한 수정 없이 홑몸으로 종자를 맺는 현상이 식물의 세계에서는 종종 일어난다. 모계와 부계의 유전자가 만나서 섞이는 것이 아니라 암그루의 복제로 이루어지는 이 신비로운 일을 과학에서는 '혼합mix'이 '사라졌다apo'라는 뜻에서 '아포믹시스apomixis'(무수정결실)라고 한다. 여기서 중요한 것은 후대 생산이 가능한 자손을 만든다는 사실이다. 전 세계 30만여 종의 속씨식물 중 400여 종이 이러한 방식으로 생존하고 번식한다. 0.1퍼센트의 비율이다.

감태나무가 한반도에서 이처럼 보기 드문 번식 방법을 선택한 이유는 역시 살아남기 위해서일 것이다. 홍적세라는 아주 먼 과거에 다른 대륙에서 암수딴그루로 살던 감태나무가 한반도와 일본이라는 섬 지역에 암그루 혼자 도착한 후 멸종을 피하려고 고안한 것이 무수정결실이라는 것. 이 같은 사실을 알기 위해 식물학자들은 감태나무의 암그루를 밀봉해서 꽃가루받이의 개입을 아예 차단하는 실험을 한 적이 있다. 감태나무와 같은 혈통이고 암수딴그루로 사는 다른 나무 3종과 함께였는데 그중 유일하게 감태나무만 열매를 맺었다.

최근 급격히 성장한 DNA 분석 기술을 사용하면 자연에서 일어나는 각종 현상을 더욱 치밀하게 볼 수 있다. 사람 눈에는 보이지 않지만 PCR 검사라는 DNA 해독법이 우리 몸에 침입한 바이러스의 종류를 밝히고 그들의 돌연변이 여부까지 알아내는 것처럼 말이다. 2021년 일본의 한 연구팀은 DNA 분석을 통해 센다이에서 구마모토까지 최소 1,100킬로미터에 걸쳐 사는 감태나무가 유전적으로 거의 균일한 복제 개체라는 것과 돌연변이를 통해 언젠가는 그 균일성이 깨질 수도 있다는 것을 밝히기도 했다.

여러 세대에 걸쳐 양친으로부터 받은 유전자를 변

화하는 환경에 맞설 수 있는 최적의 조건으로 조합하여 후대에 전하는 전술이 가장 안전하고 평탄한 길이건만, 배우자를 만날 수 있는 환경을 자연이 허락하지 않을 때 식물은 위험을 무릅쓰고 새로운 길로 나아간다. 그렇게 감태나무는 한반도와 일본이라는 땅에서 완벽하게 암그루만 사는 세상을 만들게 된 것이다. 식물은 이렇게 급격한 환경의 변화를 인지하고 생존과 존속을 위하여 과감하게 자신의 삶을 개척할 줄 아는 생명체다.

과학은 식물이 열어준 그 활로를 인간의 삶에 차용하고자 부단히 노력한다. 2020년 노벨평화상은 유엔 산하 세계식량계획(WFP)이 받았다. 국제적 연대와 다자간 협력이 그 어느 때보다 중요한 시대에 기근과 빈곤 퇴치를 위해 헌신한 공로가 인정되었기 때문이다. 이에 과학자들은 식량위기를 극복하기 위해서 감태나무가 선택한 아포믹시스를 보다 촘촘하게 연구해야 한다고 강조한다. 기후위기나 국제적 정세의 변동에도 안정적으로 식량을 공급할 수 있는 여건을 만들기 위해서는, 어미 홀로 후대를 생산하는 작물을 개발하여 모계의 우량한 형질을 그대로 유지하되 생산성을 높여야 한다는 이유에서다. 이는 비단 식량자원뿐만 아니라 정원식물과 화훼식물을 개발하는 분야와 유망 목재를 생산하거나 황폐한 산림을 복구하기 위한 식물을 개발하는 분야에도 폭넓게 적용될 수 있을 것이다.

그래서 나는 대왕참나무가 식재된 길을 걷다 보면

이런 생각이 든다. 먼 나라에서 수입해서 심는 그들보다 훨씬 아름답고 특별한 능력까지 겸비한 우리 자생식물 감태나무를 가로수나 조경수로 많이 심으면 어떨까. 해외로 수출도 해서 미국과 유럽의 거리에서도 우리 감태나무를 만날 수 있다면…

국가적 관심과 국민의 참여로 나는 그 일이 가능하다고 본다. 우선 지자체에서 정해놓은 가로수 목록부터 새로 만들어야 한다. 그 목록에 근거하여 우리 자생수종을 보급할 수 있는 공적인 체계를 견고하게 갖추어야 한다. 구체적인 장치 없이 나무의 특정 가능성만 이야기하다 보면 어떤 나무가 돈이 된다는 소문이 번져 불법거래가 자행되고, 결국은 죄 없는 식물만 다치는 서식지 훼손으로 이어질 테니까 말이다.

식물에 대한 관심이 늘고 그들을 우리 삶에 들이는 문화가 번지는 것은 반가운 일이다. 하지만 지금의 유행 때문에 누군가는 식물을 소비의 대상으로만 여기고 경제적 이득을 위한 수단으로 치부하진 않을까 싶어 요즘 나는 걱정이 부쩍 늘었다. 식물은 아주 먼 과거부터 갖은 경험을 통해 이 행성에서 생존하기 위한 해법을 모색하고 현명하게 대처하며 삶의 지혜를 차곡차곡 모아온 우리의 선배다. 그들에게서 배워야 할 것이 아직 너무나 많다.

3 —— 초록을 위하여

살아남은 모데미풀

식물들은 아주 오랜 과거부터 각자의 자리에서 모이거나 흩어지길 반복하면서 다양한 방식으로 외부의 위협에 대항하며 지구에서 생존해왔다. 전 세계 어디에도 없고 오직 한반도에만 모여 사는 '모데미풀'이라는 식물이 있다. 일본인 식물학자 오이 지사부로가 1935년에 지리산 운봉 모데기마을에서 처음 발견하여 세상에 알려진 식물이다.

북쪽으로 운봉읍을 잇는 길과 남쪽으로 지리산 달궁계곡을 잇는 길이 만나는 모데기마을은 지리산 둘레길 1구간의 중간쯤에 있다. 억새로 이은 초가지붕을 만날 수 있는 남원의 주천면 덕치리의 모데기마을은 한자식 이름 표기에 따라 지금은 회덕會德마을로 불린다. 새로운 식물을 처음 발견할 당시의 지명을 받아 적어서 모데미풀이라 이름 지었던 것인데, 옛 지명이 사라진 것처럼 어쩐 일인지 지금은 그 마을에 살던 모데미풀도 모두 자취를 감추고 말았다.

과거에는 보다 널리 자랐을 것이라 추측하나 지금은 일부 특정한 환경에서만 살아남은 식물들이 적지 않다. 그들이 선택한 특수한 땅을 가리켜 식물학계에서는 '피난처refugia'라고 한다. 어떤 환경 변화에 맞서 식물들 스스로가 생존이 가능한 곳으로 떠나거나 모여서 형성된 터전이라는 의미다. 아니, 그 땅만이 아직은 식물을 죽이지 않고 있다는 것이 더 정확한 표현인지도 모르겠다. 지금 모데미풀은 소백산과 태백산, 덕유산과 한라산 등 사람들의 생활권과 멀리 떨어진 높은 산에만 생존해 있다. 모데미풀은 세계자연보전연맹(IUCN)이 지정한 세계적인 멸종위기종이다. 한반도에서 사라지면 지구에서 영영 사라져버리는 것이다.

나는 모데미풀을 만나며 자연을 똑같이 모방하는 것은 인간의 영역 너머에 있다는 생각을 예전보다 더 자주 하게 되었다. 모데미풀이 사는 환경을 인위적으로 재현하는 것은 불가능에 가깝기 때문이다. 모데미풀은 한반도에서 1,000미터가 훨씬 넘는 높은 산지 중에서도 깊은 계곡을 품고 있는 산을 신중하게 선별한다. 그렇게 엄선한 산에 들어 해발고도 500미터가 넘어가는 지점의 사람 발길 닿지 않는 계곡 쪽을 다시금 고르고 골라서 마침내 뿌리를 내린다. 4월에도 그곳에 잔설이 머무는지를 확인하고 나서야 모데미풀은 융설融雪의 시간을 헤아리며 싹을 내고 꽃을 피운다. 그러니까 청명도 한식도 한참이나 지나고 곡우 즈음해서, 산중의 계곡에도 일조량이 늘어 볕은 차츰 따뜻해지는데 해빙은 더디게 진행되어 잔설과 온기가 오묘하게 공존하는 그 역설적인 자리에 삶터를 이루는 것이다.

이렇게 까다롭기 때문에 모데미풀처럼 대체 서식지를 조성하기 어려운 멸종위기종은 그들의 본래 터전인 자생지를 반드시 지켜주어야 한다. 그래서 나는 모데미풀이 사는 곳을 샅샅이 찾는다. 멸종위기종의 서식지 탐사 연구는 자생지를 안전하게 보전하는 것이 그들을 살리는 데 얼마나 중요한 일인지를 알리는 일종의 구호작전이다. ○○산 모데미풀 생존 확인! 대체 서식지 조성이 어려운 국제 멸종위기종! 자생지 보전 필수! 개발과 남획 등에 대비한 사전 보전대책 수립 철저! 등의 문구를 나는 다소 준엄한 어조로 연구보고서에 꾹꾹 눌러 쓴다.

4월 중순부터 5월 초순 사이에 피는 모데미풀 꽃은 정말, 정말이지 예쁘다. 만개한 꽃은 내 엄지손톱만 한 크기로, 한 송이 한 송이가 별 모양이다. 포기를 이루며 무더기로 모여 나면 마치 하늘의 별들이 후두두 쏟아져 내려 반짝반짝 땅에 박힌 것 같다.

꽃잎처럼 보이는 5장의 하얀 꽃받침잎은 생존을 위한 모데미풀의 위장술이다. 꽃잎인지 꽃받침인지 경계 없이 오직 씨앗이 될 밑씨를 안전하게 지키겠다는 다짐이 만들어낸 생존 전략. 이를 식물학 용어로 '꽃덮이'(화피花被)라고 한다. 이 꽃덮이는 5장이거나 6장인데, 좌우

포기를 이루며 무더기로 모여 피는 모데미풀. 꽃잎처럼 보이는 하얀 꽃받침잎은 생존을 위한 위장술이다. 다양한 곤충이 모데미풀의 꿀샘을 찾아온다.

그리고 대각선 어디에서 접어보아도 데칼코마니처럼 완벽하게 대칭이다. 이는 하늘을 나는 곤충들의 눈에 쉽게 띄기 위한 것이다. 꽃덮이 안쪽에는 곤봉 모양의 노란색 꿀샘이 10여 개 정도 모여서 암술과 수술을 에워싼다. 모데미풀 한 개체가 개화하는 동안에 방문하는 곤충은 10종이 넘는다. 꽃파리류와 애꽃벌류가 주된 수분 매개자다. 개화 초기에는 모데미풀의 새하얀 꽃덮이에 이끌려 파리류가, 개화가 한창 진행되어 꿀이 농익을 무렵에는 벌류가 주 방문객이다. 꽃의 방사대칭에, 또는 꿀 냄새에 사로잡혀 찾아온 곤충은 꽃가루를 묻힌 채 모데미풀의 이 꽃 저 꽃을 옮겨 다니며 이전 방문지의 꽃가루를 다른 개체의 암술머리에 묻힌다. 다양한 전술을 발휘하여 모데미풀은 계획한 타가수분을 성공적으로 마친다. 근친교배에 비해 타가교배가 더 건강한 자손을 생산한다는 것을 모데미풀은 인간보다 훨씬 더 일찍부터 알고 있었다.

여름 식물들이 땅을 초록으로 덮기 전에 모데미풀은 서둘러 제 몸을 허물고 영근 씨앗을 떨구어 다시금 흙으로 돌아간다. 일찍 땅속에 들어 다음 해를 준비한다.

세월호 참사 7주기에 나는 경기도와 강원도의 경계에 걸친 어느 산에 갔다. 조용히 묵도를 올리는 마음을 모데미풀 곁에서 나누고 싶었다. 2014년을 전후로 몇 년간 모데미풀의 서식지 환경에 대한 모니터링 조사를 했던 장소가 그 산에 있었다. 산은 정상부에 천문대가 있어서 차가 다닐 수 있는 길이 일찍부터 나 있었는데, 오가는 차가 늘면 늘수록 수척해지는 모데미풀의 모습에 걱정이 많던 참이었다. 심지어 몇 해 전에는 도로 확장 공사를 했다는 소식도 들렸다. 예감이 좋지 않았다. 아니나 다를까 도착해보니 그들 자리는 완벽하게 사라지고 없었

꽃 진 자리에 맺힌 모데미풀의 열매. 여름 식물이 무성히 자라기 전에 모데미풀은 서둘러 씨앗을 땅속으로 떨구며 다음 해를 준비한다.

다. 그들의 터전을 지키는 일이 얼마나 중요한지를 곰곰 반추했고, 얼마나 쉽게 모데미풀을 잃을 수 있는지를 새삼 깨달았다. 한동안 그곳에 서 있었다. 그들이 영영 사라진 것이 아니기를, 재난을 피해 또 다른 거처에 성공했기를, 재회라는 희망을 마음속 깊이 빌고 또 빌면서 서 있었다.

'기후변화에 관한 정부간 협의체(IPCC)'는 고산지역의 연 평균 기온이 전 지구적 평균 기온보다 급격하게 상승하는 추세에 있다고 강조한 바 있다. 고산지역의 기온은 20세기를 전후하여 북반구 고위도보다 두 배나 높은 상승률을 보였으며, 북반구 고위도의 적설 면적은 21세기 말까지 최대 25퍼센트까지 감소할 수 있다고 심각한 우려를 표했다. 이런 기후변화에 대처하기 위하여 한반도의 고산식물들은 백두대간의 더 높은 산정으로 자꾸만 대피하고 있다. 모데미풀이 지구상에서 버텨낼 자리가 얼마 남지 않았다는 말이기도 하다.

나희덕 시인은 〈잔설〉이라는 시에서 "폭설이 잦아드는 이 둔덕 어딘가에/ 무사한 게 있을 것 같아"라고 썼다. 이 구절처럼 잔설이 머무는 둔덕 어딘가에 드문드문 무사한 게 있을 것 같아 나는 오늘도 찾아 나서는 것이다. 재앙과 고난에도 살아남은 꽃들이 별처럼 피고 지는 그 피난의 땅을.

낭독의 발견

왜 나는 보지 못했던 걸까. 허투루 다녔던 것은 아닌데 하고 고개를 가로저으며 2020년 채집 기록을 뒤져 본다. 남한에서는 사라진 것으로 여겼던 약용식물 '낭독'을 국립수목원 연구진이 2020년에 강원도 어느 깊은 산에서 비로소 찾아냈다. 1964년 평창군 월정사에서 발견된 이래로 자취를 감춘 탓에 국내에서 완전히 없어진 줄로만 알았던 낭독이 생존 소식을 전한 것이다. 강원도 어느 깊은 그 산으로 말할 것 같으면 그해에만 나도 몇 번의 조사를 다녀온 곳이다. 채집 기록을 보니 낭독을 만나지 못한 가장 큰 이유는 타이밍이었다. 낭독은 4월 중순에 꽃을 피워 이내 열매를 맺은 후 여름이 오기 전에 숲에서 스러지곤 한다. 나는 그 시간을 맞추지 못했으니, 식물의 일도 사람의 일도 역시 타이밍이 관건이다.

그래서 2021년 들어 세운 목표 중 하나가 낭독을 만나는 것이었다. 낭독의 발견을 위하여 그들의 시간을 정확히 맞출 요량으로 4월 25일에 그 산으로 향했다.

집을 나서 그 산으로 향하는 길은 내가 정말 아끼는 경로 중 하나이다. 국도 35호선을 따라 태백으로 향하는 길에는 남한에서 손꼽히는 자작나무숲이 있다. 이 무렵 자작나무 새잎은 여섯 살 된 우리 조카가 손바닥을 내밀어 흔드는 것처럼 앙증맞다. 한강과 낙동강과 동해의 발원지인 삼수령도 이 길에서 만날 수 있다. 얼레지와 연복초와 피나물을 비롯하여 각종 야생화가 제철인 덕항산을 거쳐 광동호를 지나고 나면 마을 저 멀리 어떤 숲이 등장한다. 비술나무 고목으로 채워진 미락숲이다. 임계면 소재지에 닿기 전에 곧잘 들르는 이 마을숲이 내게는 무척이나 소중하다.

낭독의 뿌리는 약으로 쓰인다. 독이 하도 강해서 '이리 낭' 자를 붙여서 '낭독狼毒'이라 부른다. 식물체의 독은 사람에게 치명적으로 작용하기도 하고 때로는 생명을 구하는 귀한 약이 되기도 한다. 예로부터 뿌리를 약재로 쓴 식물 중에 재배가 까다로운 식물은 멸종의 위기에 처한 경우가 많다. 우리 자생식물 중 산작약과 백작약과 깽깽이풀이 대표적이다. 낭독 역시 뿌리를 약용하는 식물로 과거부터 오랫동안 뿌리째 뽑히기만 했을 뿐 보호받지 못했다. 그 반복된 행위가 쌓이고 쌓여 국내에서는 낭독이 다 사라져버렸다고들 추측했다. 하지만 다행히도 강원도 깊은 산속 사람의 발길이 닿지 않는 자리에서 그들은 생명을 부여잡고 살아 있었다.

낭독이 발견된 그 산의 초입에 도착했다. 이미 위성사진으로 산을 꼼꼼히 살펴서 낭독이 머물 만한 장소를 먼저 확인해둔 상태였다. 그들의 자리라고 예측한 지점을 위성 지도 앱•에 목적지로 설정해놓았기에 호기롭게 산에 들었다.

4월의 끝자락으로 치닫는 숲은 만화방창萬化方暢으로 소란하다. 구름처럼 뭉게뭉게 만개한 귀룽나무, 각시처럼 말간 얼굴 내민 각시붓꽃, 홑 꽃대를 이제 막 펼치려는 홀아비꽃대… 분꽃나무 앞에서는 멈출 수밖에 없다. 나를 비롯하여 숲에 든 생물들의 발걸음을 붙잡는 그 치명적인 체취. 꽃이 예쁜 분꽃나무는 향기마저 좋다. 화단에 심어 기르는 여러해살이풀 분꽃을 쏙 빼닮아서 분꽃나무라 부르는데, 모양은 닮았지만 실제로 씨앗의 배젖을 곱게 빻아서 분으로 썼던 분꽃과는 달리 분꽃나무를 분으로 사용했다는 기록은 없다. 야생 딸기류 중에 내가 장담하는 딸기 맛집인 줄딸기도 꽃이 한창이다. 줄줄이 달려서 덤불을 이루며 자라기 때문에 그렇게 부른다.

낭독은 대극과에 속하는 대극속 식물이다. 이 계통에 속하는 여러 식물들은 약성이 뛰어나서 동서양 모두 약재로 높이 평가한다. 자원식물로 가치가 높아서 널리 재배하기도 하는데, 야생에서의 불법 채취는 엄격히

• 식물 탐사에 유용한 지도 앱으로 IOS 기반 스마트폰에는 'Map Plus'가, 안드로이드 기반 스마트폰에는 '산길샘'이 있다.

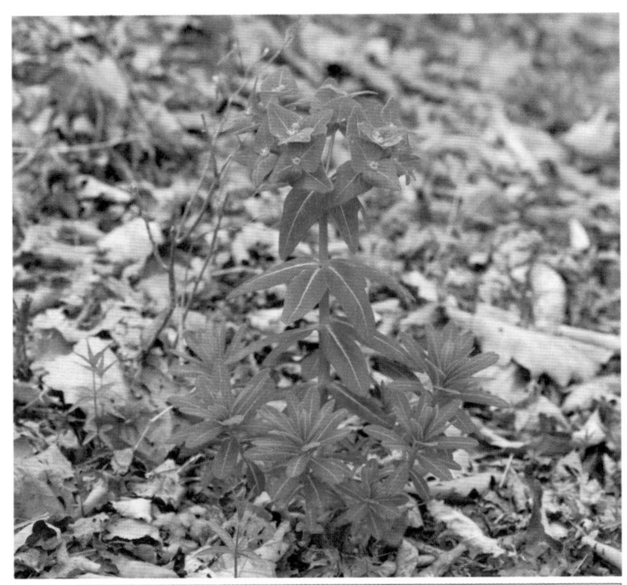

낭독은 대극과에 속하는 대극속 식물이다. 이 계통에 속하는 여러 식물들은 약성이 뛰어나서 동서양 모두 약재로 높이 평가한다.

금한다. 대극과에 속하는 식물 중 다수는 '멸종위기에 처한 야생 동·식물종의 국제거래에 관한 협약(CITES)'에 따라 보호받고 있다.

산에 들고 먼저 발견한 것은 개감수와 붉은대극이었다. 둘 다 낭독처럼 대극속 식물이고 약재로 쓴다. 특히 붉은대극은 낭독과 생김새가 아주 비슷하고 섞여 자라기 때문에 진짜 낭독을 찾기 위해서는 훨씬 더 유심히 살펴야 한다. 둘의 차이점과 유사점을 이미 파악해둔 나는 낭독을 찾아 조금 더 깊은 숲을 더듬는다. 붉은대극을 닮았지만 덩치가 더 크고 몸 전체에 털이 많은 점, 꽃이 달리는 아래 줄기의 잎이 줄기를 중심으로 360도 돌려나는 점 등이 특징인 낭독을 찾는다. 능선이 가팔라지는 자리에서 숨을 가다듬고 주변을 살피는데 그 특징들을 조합한 식물 하나가 내 앞에 등장한다. 내 생애 첫 낭독의 발견이다. 산을 헤매느라 거칠어진 숨소리를 가뿐히 덮을 만큼 심장이 요동쳤다.

연약해 보이지만 낭독의 땅속뿌리는 인삼을 두어 개 합친 것처럼 굵다. 그 실한 뿌리에 만병에 용하다는 약성이 농축되어 있다는 게 한약계의 평가다. 한약재 공정서에 따르면 늦은 봄과 초여름 사이에 뿌리를 캐내 껍질을 다듬고 볕에 말린 것을 약재로 쓴다고 한다. 하지만 더 중요한 정보는 알려주지 않는다. 이들이 야생에서는 어떤 환경에서 어떤 모습으로 자라는지, 불법 채취의 위험은 얼마나 되는지, 적법하게 구하기 위한 경로는 무엇인지에 대한 설명 같은 것들 말이다.

낭독과 마찬가지로 국내에서 멸종의 위기에 처한 우리 식물 깽깽이풀을 남북한과 중국의 한방에서는 '황련'•이라고 부른다. 황색의 뿌리가 유명한 약재다. 꽃이 얼

• 약재 황련(黃連, *Coptidis Rhizoma*)은 미나리아재비과 황련속에 속하는 여러 종류의 식물을 말한다(중국황련, 일황련, 삼각엽황련, 운련 등). 그중 우리나라에 저절로 자라는 식물은 단 한 종도 없다. 대신에 아주 먼 과거부터 국내에서는 황련의 대용품으로 매자나무과의 깽깽이풀을 써왔다. 혈통은 다르지만 노란 뿌리 등 생김새가 얼추 비슷하고, 무엇보다도 우리 땅에서 직접 캘 수 있었기 때문이다. 깽깽이풀은 뿌리가 가늘어서 '모황련' 또는 '세

마나 예쁜지 북한에서는 산에 피는 연꽃이라 하여 '산련'이라는 이름을 달아놓았다. 조선시대 약전藥典에는 황련을 두고 '뿌리 마디가 구슬을 꿰어놓은 듯 단단하고 매의 발톱같이 생긴 것'만 따로 골라 웃돈을 얹어 주었다는 기록이 있다. 그렇게 오랜 시간 수난을 겪어온 깽깽이풀은 오늘날 국내에서 멸종의 위기에 처해 있다. 미국 동부에는 원주민들 사이에서 류머티즘을 다스리는 전통 약재로 쓰는 디필라깽깽이풀이 있다. 약효의 유명세로 인한 불법 채취의 위험을 미리 염려하여 일부 주州에서는 법으로 오래전부터 보호해온 식물이다. 이 식물의 보전 가치를 일찌감치 인식한 토머스 제퍼슨 전통식물센터(CHP)에서는 디필라깽깽이풀을 제목으로 내건 〈트윈리프 저널Twinleaf Journal〉을 지난 수십 년 동안 발간했다. 다양한 식물을 대상으로 자생지 보전의 중요성을 설명한 칼럼을 싣고, 연구로 개발된 품종과 증식 방법 등을 소개하며 그들을 잘 지켜내기 위한 지침서와도 같은 역할을 한 저널이다.

내 앞에 서 있는 낭독을 유심히 들여다본다. 식물을 들여다보는 행위는 그 식물을 읽는 일종의 묵독이다. 처음 만난 낭독을 앞에 두고 가만히 속삭였다. 낭독이 우리 땅에서 다시는 사라지지 않기를.

황련'이라 구분해서 부르기도 한다. 식약처에서 제공하는 '국가생약정보 공정서'는 깽깽이풀을 황련의 위품이라고 감별하며 약성을 동일시하지 말 것을 강조한다.

오래된 미래, 댕강나무•

갑작스레 이름이 가물가물해서 그 뭐지, 추로스나무, 하면 우리 업계 종사자들은 아, 댕강나무! 하고 바로 받는다. 댕강나무의 줄기에는 마치 추로스처럼 세로로 깊게 여러 골이 파여 있기 때문이다. 그 이름은 나무 속이 텅 비어 있어서 '댕강' 하고 잘 부러지기 때문에 얻었다. 2021년 5월 14일, 그해 들어 가장 더웠던 날 나는 영월에 있었다. 댕강나무가 꽃을 피우기 시작했기 때문이다. 댕강나무는 영월과 단양과 제천의 석회암 지대에서 자라는 한반도 고유식물이다. 북한에서 석회암 지대로 유명한 평안남도

• 분류학적 정보가 부족했던 과거에는 댕강나무와 줄댕강나무를 구분해서 불렀던 적이 있다. 꽃이 크고 수술대에 털이 있고 없고에 따라 서로 다른 두 종으로 여겼던 것이다. 하지만 이러한 차이는 생태적 표현형이거나 변이일 뿐이라는 견해가 우세해졌고, 현대 과학은 과거에 구분했던 두 종을 동일한 종으로 본다. 그래서 식물명명규약을 따르는 학명에 근거해서 댕강나무(*Zabelia tyaihyonii* (Nakai) Hisauti & H.Hara)로 통일해서 부르게 되었다.

댕강나무는 마치 추로스처럼 줄기에 세로로 깊게 팬 골이 여러 줄 있다.

맹산에도 자란다.

전 세계 어디에도 없고 우리나라에만 있는 고유식물 중에는 국내의 자생지마저 사라져 멸종의 위기에 놓인 식물이 많다. 우리 수목원 연구부서는 그들이 처한 상황을 분석하는 업무를 중점 과제로 진행하고 있다. 멸종의 위기에 처한 이들이 누구인지를 먼저 밝힌 후 서식지 환경을 파악하고 위협 요인을 알아내어 그들의 상황을 진단하는 일이다. 개엽과 개화, 수분과 수정을 거쳐 결실에 이르는 일련의 과정 동안 서식지 안에서 일어나는 사건을 비롯한 모든 일들을 가능한 한 꼼꼼하게 기록하고 분석해서 그들에게 닥친 상황을 파악한다. 그래야 과거를 짐작하고 미래를 예측할 수 있다. 얼마나 다양한 식물들과 어울려 사는지, 생존을 위해 필요한 최소한의 빛은 얼마나 되는지, 어느 정도의 습도와 온도를 선호하는지, 그들이 사는 땅의 흙은 어떤 입자로 이루어져 있는지, 환경에 따라 잎의 엽록소 함량은 얼마나 어떻게 차이를 보이는지, 개체 저마다의 DNA 염기서열은 어떻게 다른지, 내부 또는 외부의 위협 요인은 무엇인지를 기록하고 분석한다.

시각을 다툴 만큼 절박한 상황에 놓인 대표 식물이 댕강나무다. 그래서 나는 그 더운 날에 영월의 어느 대형 시멘트 공장 근처에서 석회암을 딛고 댕강나무의 개화를 기록하고 있었다. 옅은 분홍을 머금은 하얀 꽃 한 송이 한 송이가 두상頭狀으로 둥글게 모여 피는데, 그 작은 꽃 한 송이는 앙증맞은 트럼펫을 닮았다. 꽃은 짙은 향기를 뿜었다. 트럼펫의 저 깊은 통부로부터 농축하여 밀어 올린 고혹적인 향기. 예쁜 것만으로도 모자라서 향기라니. 호박벌과 뒤영벌이 연신 댕강나무의 이 꽃과 저 꽃을 오가는 모습을 지켜보며 나는 우리나라의 공원과 정원에 즐겨 심는 꽃댕강나무를 생각했다. 중국댕강나무를 교배하여 만든 원예 품종이 꽃댕강나무다. 개화가 길고 생육조건이 까다롭지 않아 국내외 없이 조경수로 널리 쓴다. 19세기 후반에 이탈리아에서 개발되어 국내에는 일제강점기에 일본을 통해 들어온 것으로 본다. 댕강나무를 아는 내게 꽃댕강나무는 마치 조화처럼 느껴진

댕강나무 꽃 한 송이는 앙증맞은 트럼펫을 닮았다. 통부로부터 농축하여 밀어 올린 고혹적인 향기 덕분에 짙은 향기를 뿜는다.

다. 사람을 미혹하는 향기가 없기 때문이다.

서양에서는 우리의 댕강나무를 두고 '향기댕강나무Fragrant Zabelia'라고 부른다. 우리가 공원과 정원에 꽃댕강나무 심는 일에 열중일 때 서양에서는 한반도의 댕강나무에 관심을 갖기 시작했다. 유행처럼 대륙 전역에 번져나간 꽃댕강나무가 그들에게 진부해질 무렵 우리 댕강나무를 접한 것이다. 꽃도 곱고 향기도 좋은 데다가 그 희귀성 덕분에 서양의 일부 정원 애호가들 사이에서 고급 정원 소재로 대접받고 있다. 그런데 정작 우리나라에서는 댕강나무의 식물학적 가치를 알아보기도 전에 그들이 뿌리내린 땅에 먼저 눈독을 들였다. 시멘트의 주된 원료인 양질의 석회암이 그 땅에 묻혀 있기 때문이다. 석회암 채광으로 댕강나무의 터전은 꾸준히 소멸됐다.

댕강나무는 생육조건이 그다지 까다롭지 않은 편이다. 석회암의 토양과 쨍쨍한 볕만 확보가 되면 왕성하게 자란다. 해발고도 200미터 내외의 동산, 여느 식물들은 쉽게 뿌리 내릴 수 없는 건조한 석회암 지대, 그리하여 녹음이라고는 찾아볼 수 없는 척박한 땅의 뙤약볕 아래. 그런 곳에서 댕강나무는 뿌리줄기를 줄줄 뻗어서 어깨동무하고 우르르 무리를 이루어 자란다. 하지만 그들이 이룩한 군락은 인간에 의해 통째로, 순식간에, 너무 쉽게 사라질 수 있다.

가시가 매섭게 돋은 찔레꽃과 산딸기가 뒤섞인 5월의 덤불, 노박덩굴과 다래덩굴과 부채마가 뒤엉킨 억센 덩굴식물의 줄기 더미를 헤치고 댕강나무를 만나러 가는 길이 녹록지만은 않다. 숲을 헤치고 산을 오르내리는 현장 조사를 이른 무더위가 더욱 고되게 만들었다. 그놈의 마스크도 한몫 보탠다. 그래도 댕강나무의 핑크빛 그 말간 꽃을 한 번이라도 볼 수 있다면, 그 고운 꽃내음

댕강나무와 함께 자라는 석회암 지대의 식물인 꽃꿩의다리(위쪽)와 산조팝나무(아래쪽). 5월 중순께 하얀 꽃이 핀다.

을 조금이라도 들이켤 수 있다면, 그렇게 그들의 생존을 확인할 수만 있다면 나는 하나도 힘들지가 않다. 그거면 다 괜찮다.

영월군 석회암 산지를 헤치며 댕강나무 군락지를 몇 군데 만나고 단양군 매포읍에 도착했다. 몇 해 전에 댕강나무 군락지가 새롭게 발견된 곳이다. 장소는 시멘트 공장의 입구로 확인되었는데 군락은 온데간데없고 도로 확장 공사가 한창이었다. 대형트럭 2대가 동시에 교행할 수 있도록 넓힌 도로가 시멘트 공장이 위치한 산 중턱까지 이어져 있었다. 그 길 가장자리에서 댕강나무 몇 개체가 근근이 맥을 이어가고 있을 뿐이었다. 지금 대형 화물차가 오가는 저 길은 원래 댕강나무가 줄줄이 군락을 이루던 땅이었을 것이다. 댕강나무만의 땅도 아니었다. 댕강나무와 더불어 석회암 지대에서 드물게 사는 꽃꿩의다리와 꼭지연잎꿩의다리와 산조팝나무와 나도국수나무가 사이좋게 모여 동산을 이루던 곳이었다. 특히 곧게 뻗은 측백나무숲이 천연기념물로 지정된 곳이기도 한데, 천연기념물이라는 명성이 무색하게도 측백나무는 시멘트 가루만 왕창 뒤집어쓰고 초라하게 서 있었다. 그 광경을 목격하니 이후로 내내 마음이 불편했다.

국제생물다양성협약에 따라 국가의 생물에 대한 권리인 '생물주권'이 인정되고 있다. 일본 나고야에서 채택되어 2014년 발효된 나고야의정서는 각국의 생물과 그 유전자원에서 얻을 수 있는 이익은 원산지에 우선한다는 것을 골자로 한다. 바야흐로 생물 소재의 국산화가 국력이 되는 시대가 온 것이다. 전 세계적으로 생물 종을 무기로 총성 없는 전쟁을 치르고 있다고 해도 과언이 아니다.

댕강나무를 비롯하여 우리 땅에만 자라는 고유식

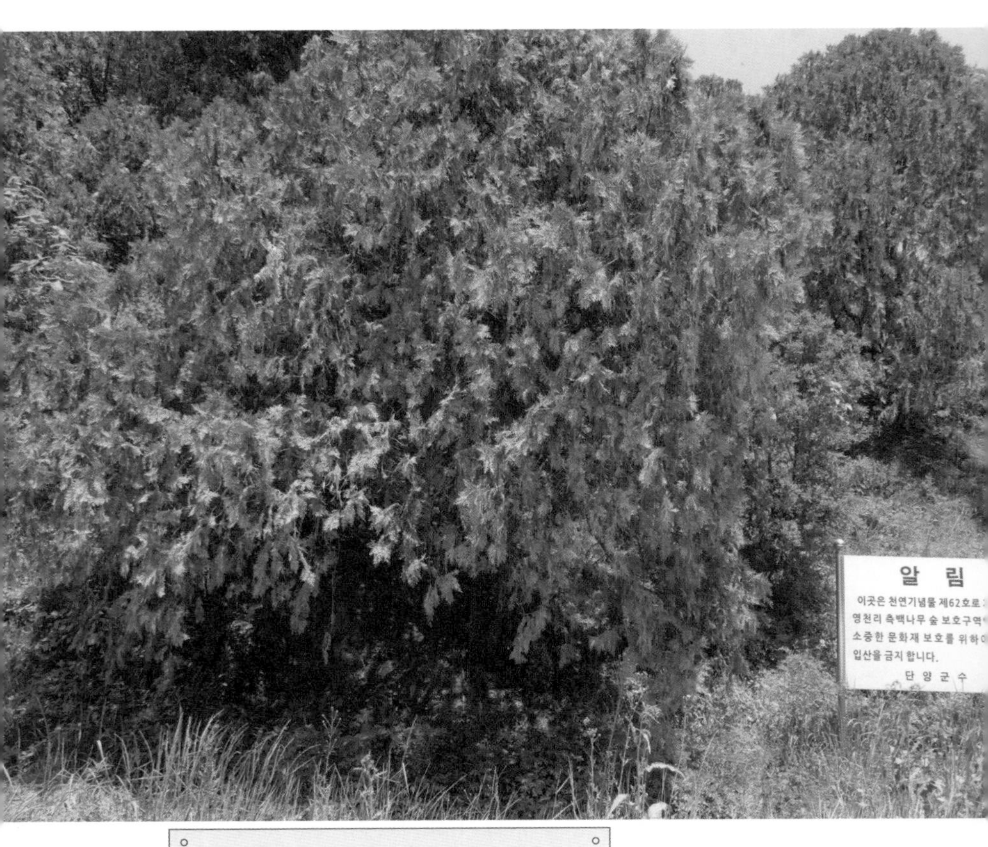

단양군 영천리 측백나무숲. 천연기념물이라는 명성이 무색하게도 숲 초입의 측백나무는 시멘트 가루를 뒤집어쓴 채 초라하게 서 있었다.

물은 생물이 국력이 되는 시대에 우리가 부릴 수 있는 필살기와도 같다. 조경수나 정원수로 적합한 우리 식물들, 신약과 화장품의 원료가 되는 생리활성 물질로서의 가능성이 우리 고유식물의 몸 곳곳에 녹아 있다. 과도한 개발을 줄여 우리나라 희귀식물의 서식지를 지키는 일, 불가피하게 개발이 진행될 경우 안전한 대체 서식지를 조성하여 그들이 삶을 이어나갈 수 있도록 강구하는 일, 그들을 대량으로 증식하기 위한 기초연구를 확대하는 일은 우리나라가 생물자원 강대국이 되는 시대를 앞당길 수 있을 것이다.

주택 보급을 늘리기 위해 아파트를 더 짓겠다는 정부의 발표가 그래서 반갑지만은 않다. 건설업의 양식과도 같은 시멘트는 석회암 땅에서 나오는데, 지구에서 유일하게 한반도의 석회암 땅에서만 자라는 댕강나무가 맹목적인 채광 때문에 다 뽑히는 건 아닐지 하는 두려움이 앞선다. 댕강나무야말로 우리의 오래된 미래일지도 모른다.

울릉도 비밀의 숲

2021년 5월의 끝자락에 울릉도에 왔다. 근 10년 만이다. 예전에는 한 달에 한 번꼴로 왔었다. 대학원 석사과정을 밟았던 식물분류학 연구실은 울릉도와 독도의 식물을 대상으로 섬 식물의 진화를 탐구하는 곳이었다. 연구실 입구에는 호실을 알리는 숫자와 '울릉도·독도 연구소'라는 이름이 나란히 걸려 있었다. 학위 과정 동안에 울릉도와 독도를 수차례 오가며 그곳의 식물상을 밝히고 독도에 사는 우리 고유식물 3종, 이름도 예쁜 섬초롱꽃과 섬기린초와 섬괴불나무를 찾기도 했다.

석사과정을 마치고 강원도로 일자리를 옮기면서 연구 주제도 자연스레 내륙의 식물들에 맞춰졌다. 그러는 동안에 울릉도를 잊고 지냈는지도 모른다. 상기된 마음을 좀처럼 가눌 수 없었던 울릉도 첫 입도의 순간을 기억한다. 툭하면 뱃길이 끊겨 출항의 기약 없이 식물탐사에 매달렸던 시간, 낯선 섬 식물의 종류와 실체를 정확히

섬괴불나무는 울릉도와 독도에 사는 우리나라 고유식물이다. 꽃이 옛 의복에 차던 괴불노리개를 닮아서 괴불나무다. 북한에서는 꽃이 아귀가 입을 쩍 벌린 모습을 닮았다고 괴불나무를 '아귀꽃나무'라고 한다.

알기 위해 고투했던 낮과 밤의 시간… 내가 사랑했던 그 순간과 시간에 대한 기억을 그간 너무 잊고 지냈다.

못 본 사이 울릉도는 참 많이 변했다. 울릉도의 해안을 일주하는 도로가 2019년에 완전히 개통되었다. 전과 달리 차가 많아졌다. 택시와 렌트카와 대형 공사 차량이 바쁘게 오간다. 울릉군이 그토록 고대했던 공항 건설 작업이 시작되었고 일주 도로의 일부 구간에서는 확장 공사가 진행되고 있다. 여객선이 드나드는 저동항과 사동항 사이 해안가에는 카페와 식당이 우후죽순 생겨났다. 고급 리조트와 근사한 감성 민박집도 울릉도 곳곳에 들어섰다. 원래 그 자리에 살던 식물들이 많이도 사라졌다.

식물 공부하는 사람들은 울릉도를 두고 '동양의 갈라파고스'라고 부른다. 다윈이 종의 분화를 기록했던 갈라파고스 제도의 외딴 섬들처럼 식물의 진화를 보여주는 실험실이자 살아 있는 전시장과도 같기 때문이다. 울릉도는 바다에서 솟은 용암이 굳어져 만들어진 화산섬으로, 약 300만 년도 더 전에 바다 한복판에 우뚝 솟아올라 단 한 번도 육지와 연결된 적이 없다. 그 고립된 섬에서 식물은 저마다의 방식으로 환경에 적응하며 종 분화를 겪었다.

꽃과 열매가 육지의 것과는 확연히 구분되게 커진 점이 울릉도 식물들의 가장 큰 특징이다. 그래서 울릉도 식물 중에는 접두어 '왕'을 붙인 이름이 많다. 왕호장근, 왕둥굴레, 왕매발톱나무, 왕김의털 등이 육지의 것들보다 훨씬 큰 덩치를 자랑하며 울릉도 곳곳에서 왕왕대며 자란다. '큰'을 내건 큰두루미꽃과 큰연영초도 내륙의 두루미꽃과 연영초에 비하여 큰 편이다. 몸에 털을 없애거나 더하고, 잎에 광택을 칠하거나 가지에 가시를 없애고, 생식기관의 모양과 색깔을 바꾸는 등 내륙의 것들에서 다소 변형된 형태로 식물들은 울릉도에 적응해왔다.

그래서 울릉도에는 울릉도만의 고유식물이 많다. 울릉국화, 울릉장구채, 울릉산마늘, 울릉도에 있던 옛 나라 '우산국'에서 이름을 딴 우산제비꽃, 우산고로쇠 등 이름만으로도 울릉스러운 식물들. 최근에는 울릉도만의 식물이 새롭게 확인되기도 했다. 두메부추와 우산마가목과 울릉바늘꽃 등이다.

울릉산마늘은 울릉도를 대표하는 고유식물이다. 산채로 인기가 많아서 '명이나물'이라는 이름이 더 익숙하다. 울릉도의 산에 저절로 자라지만 최근에는 밭에서 대량으로 재배한다.

울릉도에서 저절로 나는 두메부추를 전에는 중국과 몽골, 러시아에 자라는 두메부추와 동일한 식물로 보았다. 하지만 꽃의 생김새도, 꽃이 피는 시기도, DNA 염기서열도 달라서 울릉도의 두메부추를 별개의 독립된 종으로 인식해야 한다는 연구 결과가 발표되었다. 우산마가목도 같은 경우다. 과거에는 내륙의 마가목과 울릉도의 마가목을 같은 식물로 보았다. 하지만 울릉도에 고립되어 살며 내륙의 마가목에 비해 꽃도 열매도 눈에 띄게 커진 것을 우산마가목으로 구분해서 불러야 한다는 연구 결과가 2014년 국제학술지를 통해 전 세계에 알려졌다.

내가 울릉도에 온 이유가 바로 이 우산마가목 때문이다. 정확하게는 우산마가목을 품은 그 숲을 만나기 위해서다. 5월 중순은 우산마가목 꽃이 제철인 시기. 10미터를 훌쩍 넘게 자라는 그 큰키나무에 달리는 꽃을 보려면 목을 한껏 젖혀야 하는데, 그래봤자 꽃 뒤꽁무니만 올려다보게 되어 약이 오를 때가 많다. 그래서 나는 성인봉으로 향하는 가파른 능선에 선다. 그들을 한눈에 내려다볼 수 있는 명당이 있기 때문이다. 성인봉의 원시림에는 아주 오래전부터 내게 곁을 내어주던 비밀의 숲이 있다. 그곳의 우산마가목 군락이 얼마나 대단한지를 알기에 5월이 다 가기 전에 울릉도를 찾고 싶었던 것이다.

'성인봉'은 산세가 성스럽다고 해서 붙은 이름이다. 산의 깊고도 넓은 원시림은 일부 구간이 천연기념물로 지정되었을 정도다. 성인봉 정상으로 가는 길은 섬의

5월 중순은 우산마가목 꽃이 제철이다. 울릉도의 우산마가목은 내륙의 마가목에 비해 꽃도 열매도 눈에 띄게 크다. 울릉도에만 사는 우리나라의 고유식물이다.

동서남북 어디서든 연결된다. 나는 섬의 남쪽 마을에 있는 안평전에서 출발하는 경로를 제일 좋아한다.

울릉도는 고종 21년인 1884년에 본격적으로 개척되기 시작했다. 울릉도의 남쪽 마을에 도착한 전라도 개척단이 농사를 짓기에 알맞다고 점한 곳이 안평전이다.

이름처럼 산 안쪽 깊숙한 곳에 있는 평지인 안평전(內平田). 그곳은 비밀의 숲으로 가는 최단 경로의 출발점이다. 하지만 몇 해 전 산사태로 길이 유실되어 안평전-성인봉 간 통행을 금지하고 있었다. 어쩔 수 없이 우회 경로를 택해서 성인봉의 9부 능선에 있는 비밀의 숲에 도착했다.

너도밤나무 원시림이 먼저 나를 반겼다. 울릉도에서는 대형 군락을 이루며 자라는 너도밤나무가 내륙에는 단 한 그루도 자라지 않는다. 섬벚나무와 섬단풍나무와 섬피나무도 내륙에서는 볼 수 없으니 실컷 눈에 담았다. 저 멀리 절벽 바위에 자라는 섬개회나무가 훠이훠이 꽃향기를 내게 보내왔다. 향기에 이끌려 절벽 지대를 딛고 올라서니 기다렸던 풍경이 펼쳐졌다. 산의 한쪽 사면을 덮을 만큼 거대한 우산마가목 군락이 주렁주렁 꽃을 달고 있었다. 개화의 절정. 숲은 그 어여쁜 꽃들과 눈을 맞출 수 있는 높이를 내게 허락했다. 인적 없는 곳에 훼손되지 않은 숲이 인간의 간섭 없이 마음껏 아름다움을 과시하고 있다는 것은 얼마나 다행한 일인가.

울릉도는 마치 종 모양과 같이 경사가 급한 화산섬이다. 이를 종상화산鐘狀火山이라고 한다. 성인봉에서 발원한 산줄기가 가파른 경사를 이루며 해안선에 거의 닿기 때문에 산이 곧 섬이라는 느낌도 든다. 비슷한 시기에 탄생한 제주도는 이와 달리 방패 모양처럼 경사가 완만한 편이다. 울릉도보다 스물다섯 배나 큰 면적에 다양한 지형이 형성되어 있다. 한라산 산정은 경사가 급하지만 그 아래 산록부는 완만한 경사를 이루며 평지로 이어진다. 제주도는 완만한 순상화산楯狀火山과 뾰족한 종상화산의 복합체다.

울릉도에는 서로 다른 고도에 사는 다양한 식물이 그 좁은 면적 안에 다 모여 살고 있어 한반도 내륙에서 보기 힘든 별 희한한 식물들이 자란다. 거기다가 동해의 난류와 한류가 만나는 환경은 서로 다른 위도에 사는 식물을 한데 모아 독특한 식생을 만들기도 했다. 북쪽의 침엽수림과 남쪽의 난대림과 그 중간의 낙엽활엽수림이 공존하는 그런 오묘한 현상들이 울릉도에 나타난다. 내가 사랑하는 비밀의 숲에는 진귀한 식물들이 신의 선물처럼 모여 있다. 시베리아와 알래스카에 사는 양치식물 실사리가 우리나라에서 유일하게 살 수 있는 장소가 바로 이곳에 있다. 남극 세종기지 주변에 사는 침솔이끼도 이 숲에서 산다. 지구상의 극한 환경을 견디는 것으로 유명한데, 결코 아무 땅에나 자라지 않는 희귀한 이끼다. 제주도에 자라는 송악이 강원도에서 자라는 만병초와 동거하는 역설적인 공간도 이 숲에 있다. 남방계 식물과 북방계 식물이 함께 존재하는 숲의 안온한 풍경을 건너다보니 울릉도의 해안가에 기대어 사는 식물들이 생각났다.

해안 개발은 그곳 식물들의 서식지 소멸로 이어지기 쉽다. 섬의 가장자리를 따라 두른 띠처럼 좁은 면적에 멸종의 위기에 처한 해안식물이 국소적으로 분포하는 울릉도에서는 상황이 특히 더 심각하다.

실사리와 침솔이끼. 사진에서 보이는 밝은 초록색 식물이 실사리다. 우리나라에서는 울릉도 산지의 바위지대에만 산다. 바닥에 깔린 녹회색의 선태식물은 침솔이끼다.

그중에서도 큰바늘꽃은 울릉도를 제외하면 강원도 일부 지역에 아주 드물게 자라는 식물인데, 울릉도 해안가에 드넓게 퍼져 살던 그들이 해안권 개발 행위로 군락째 사라진 것은 부정할 수 없는 현실이다. 울릉도의 큰바늘꽃이 근처에 자라던 돌바늘꽃과 자연적으로 교배하여 생겨난 새로운 종이 울릉바늘꽃인데, 2017년 〈한국식물분류학회지〉를 통해 신종으로 보고되었다. 울릉도가 낳은 울릉도만의 고유식물이라는 가치를 제대로 밝히기도 전에 해안 개발은 그들을 멸종의 위기로 내몰고 있다.

섬현삼의 삶도 위태롭기만 하다. 지구상에서 울릉도의 해안가에만 자라는 섬현삼은 환경부가 법으로 지정한 멸종위기종이다. 울릉도 해안의 맹목적인 개발이 섬현삼의 서식지 파괴로 이어지고 있어 그들의 생존권은 보장받지 못하고 있다. 섬현삼이 포기를 이루어 자라던 곳곳은 도로가 되었거나 도로 확장 공사를 이어가고 있거나 투기가 분주한 땅이 되어버렸다.

절벽에 사는 섬개야광나무를 보니 해안만의 문제가 아니다. 섬개야광나무는 환경부가 법으로 지정하여 보호하는 멸종위기종이자 울릉도에만 사는 고유식물이다. 울릉도 도동의 자생지는 일찍이 천연기념물로 지정되어 개발의 압력에서 벗어났지만 보호받지 못하는 서식지가 더 많다는 게 문제다. 남양마을에는 주상절리가 빼어난 산 하나가 있는데 쭉쭉 뻗은 돌기둥이 국숫발을 닮았다고 마을 사람들은 '국수산'이라고 부른다. 그 산을 마주하고 있는 절벽에 10년 전만 해도 옹기종기 모여 살던 섬개야광나무 자리가 있었다. 하지만 지금은 케이블카와 낙조를 감상하는 전망대가 그 자리를 꿰차고 있다.

울릉도에 있는 나의 소중한 비밀의 숲에는 배경이 서로 다른 식물들이 모여 산다. 자연의 질서를 어기지 않고 저마다의 자리를 조금씩 양보하거나 조금씩 차지하면서, 아웅다웅 서로 건강하게 경쟁하며 그들의 서식지인 숲을 지킨다. 그 모습을 오랫동안 지켜봐온 내게 숲이 속삭였다. 지구라는 별에서 자신의 서식지를 지키는 일에 가장 서툰 생물은 아마도 인간일 거라고. 나지막하지만 분명히 단호한 어조였다.

꽃 좋은 개살구

살구와 앵두와 자두는 여름이 무르익기 전에 서둘러 과육의 즙을 늘리는 핵과 식물이다. 장마가 과즙의 단맛을 빼앗아 가기 전에 먹어야 가장 맛있는 과일들. 그중에서도 내가 제일 좋아하는 살구와 개살구를 최적기에 맛보기 위해 나는 장마 직전의 여름을 손꼽아 기다린다.

개살구나무*Prunus mandshurica*는 우리 산야에 저절로 나는 자생종이다. 중부 이북의 깊은 산을 중심으로 북한과 극동 러시아와 중국의 일부 지역에도 자란다. 그들의 분포가 말해주듯이 비교적 북방을 선호하는 편이다. 반면에 살구나무*P. armeniaca*는 한반도 전역에서 심어 기르는 중국 원산의 외래종으로, 삼국시대 이전에 들어온 것으로 추정한다. 살구나무가 오랫동안 우리의 삶 속에서 넓고 깊이 사랑받아온 반면 개살구나무는 사람들의 입방아에 오르내리기만 할 뿐, 그 정체에 대해서는 잘 알려지지 않았다.

무엇보다도 '빛 좋은 개살구'라는 말은 개살구나무가 뒤집어쓴 억울한 누명 같아서 내가 다 속상하다. 그가 얼마나 멋진 우리 토종 나무인지를 나는 아주 길게 설명할 수 있다. 개살구나무의 '개'는 심어 기르는 살구나무와 구분하기 위하여 살구나무가 아니라는 뜻으로 쓴 것인데, 지금은 겉만 그럴듯하고 실속이 없는 경우를 일컫는 말이 되어버렸다. 한반도에 자라는 식물 이름에 부정적인 의미의 '개' 자를 다는 것을 멀리하는 북한에서는 '산살구나무'라고 부른다.

'빛 좋은'이라는 말처럼, 개살구나무는 말랑하면서도 단단하고 탐스러운 살굿빛 열매를 맺는다. 때깔은 좋지만 살구나무에 비해 맛이 덜해서 개살구라고 한다는 말이 내게는 마치 가담항설 같다. 살구나무의 열매가 개살구나무의 열매보다 단맛이 더 많을 뿐이다. 새콤함과 달콤함이 적절하게 배합된 맛은 개살구나무 열매에서 더 강하게 느낄 수 있다. 오일장과 산을 오가며 살구와 개살구의 맛을 저울질하는 동안, 마치 선험적으로 알고 있었던 것처럼 나는 더욱 확신하게 되었다. 우리가 보편적으로 인식하는 '살구향'은 달콤한 살구나무 열매보다는 새콤함과 달콤함이 경쟁하듯 섞인 개살구나무 열매에서 더 강하게 느껴진다는 것을 말이다.

아주 먼 과거부터 인류는 살구나무를 약재로 널리 썼다. 꽃, 잎, 가지, 나무껍질, 뿌리를 각각 행화, 행엽, 행지, 행수피, 행수근이라는 약재로 한방에서 이용한다. 특

개살구나무의 꽃(위쪽)과 열매(아래쪽). 개살구꽃은 살구꽃에 비해 꽃자루가 길어서 가지와 거리를 두고 나부끼며 핀다. 열매는 말랑하면서도 단단하고 탐스러운데 새콤함과 달콤함이 적절하게 배합되어 있다.

히 살구씨의 효험을 한방에서 높이 사는데, 폐의 기운을 윤택하게 하고 치밀어 오르는 기를 내리고 체한 것을 다스리고 상처를 아물게 한다고 그 효능을 설명한다. 우리나라 식약처에서 제공하는 〈한약재표준제조공정지침〉

에 따르면 개살구씨의 약효도 살구씨와 똑같다고 평가한다. 다만 《동의보감》에서는 그 쓰임을 다소 엄중하게 구분해서 “산살구의 씨는 약에 넣을 수 없고, 반드시 집 뜰에 심은 살구의 씨를 써야 한다”라고 설명한다. 개살구나무에 대한 낮은 평은 여기에서 기인하는 것은 아닌가 하는 생각도 든다.

개살구나무가 남한보다 널리 자라는 북한에서는 개살구나무를 살구나무와 또렷하게 구분해서 보고 그 쓰임을 살뜰하게 챙겨서 설명한다. 북한의 식물학자 임록재 박사는 1997년에 출판한 《조선식물지》에 “특히 산살구나무는 추위에 견디는 힘이 세기 때문에 살구나무의 우량 품종을 얻기 위한 접그루로 쓴다”고 적어두었다. “목재는 굳고 무늬가 아름다워서 여러 가지 가구재로 쓰며 열매는 가공식료품 원료로 쓴다. 꽃이 아름다워서 마을에서 심어 가꾼다”는 설명도 눈에 띈다. 이 설명 그대로 개살구나무는 꽃이 정말 곱다. 그래서 나는 ‘빛 좋은 개살구’ 대신 ‘꽃 좋은 개살구’라고 말하고 싶다.

살구꽃 피는 봄날을 누가 감히 그냥 보낼 수 있을까. 그 아름다움을 아는 이들이 만개한 개살구나무를 본다면 조금 샘이 날 수 있다. 왜냐하면 개살구꽃이 살구꽃보다 적어도 두 배는 더 예쁘니까. 그 이유는 두 종의 형태학적 차이에 있다. 꽃자루가 짧아서 꽃송이 하나하나가 가지에 바짝 붙어서 피면 살구꽃, 꽃자루가 그보다 서너 배는 길어서 가지와 거리를 두고 나부끼며 피면 개살구꽃이다. 그래서 개살구나무는 꽃송이가 모여 핀 모습이 살구나무보다 전체적으로 더 풍성한 포물선을 그린다. 그야말로 꽃 좋은 개살구다.

우리 땅에 사는 토종 살구나무가 또 하나 있다. 드문 개살구나무보다 더 드물게 자라는, 이름도 낯선 '시베리아살구나무*P. sibirica*'다. 한반도 중부 이북의 석회암 지대에 살고 러시아와 몽골과 중국의 북부지방에도 분포한다. '시베리아'라는 이름이 말해주듯이 북방의 삶을 선택해서 살아가는 북방계 식물이다. 열매가 살구나 개살구와 달리 찌부러져서 납작한 게 시베리아살구나무의 가장 큰 특징이다. 메마르고 척박한 석회암 지대에만 사는 것도 이들의 고유한 습성이다. 북쪽 지방을 선호하는 식물의 특성에 걸맞게 북한 식물학자들은 '북산살구나무'라고 부른다. 이들을 이용해 북한에서는 살구나무에 접을 붙여 추위와 건조에 강한 살구나무 품종을 얻는다. 그 품종들이 북한에서도 북쪽 지역인 함경북도 회령군 등지에 가로수나 유실수로 심겨 있다.

하지만 남한에서 시베리아살구나무가 살 수 있는 땅은 차츰 더 줄어드는 추세다. 석회암 채광 산업은 그들이 딛고 선 땅을 허물고 있다. 게다가 매년 더해가는 기록적인 폭염과 이상기온 현상은 그들을 자꾸만 북쪽으로 떠밀 것이다. 시베리아살구나무뿐만 아니라 개살구나무도 같은 이유로 남한에서의 자생을 차츰 철수하고 있는 낌새다.

한반도 중부 이북의 석회암 지대에서 드물게 자라는 시베리아살구나무의 열매. 열매가 살구나 개살구와 달리 찌부러져서 납작한 게 가장 큰 특징이다.

나의 식물일지에는 소멸, 불안, 두려움, 경각심과 같은 단어들이 그들의 이름과 나란히 적혀 있다. 우리가 미처 그들을 다 알아보기도 전에 개살구나무와 시베리아살구나무는 우리 땅에 남아 있는 자신들의 자리를 다 지워버릴지도 모를 일이다.

우리 모두의 석호

여름 더위가 몰려오면 언제부턴가 나는 석호를 찾는다. '서코-' 하고 부르면 동그스름해지는 내 입술 모양처럼, 오목하게 팬 바닷가의 호수가 내 앞에 선연하게 펼쳐지니까. 강릉 경포대의 경포호, 속초의 청초호와 영랑호, 고성의 송지호와 화진포호… 그들 모두가 석호다.

수만 년에 걸친 지구의 활동이 오대양 해안선의 13퍼센트 면적에 석호를 만들었다. 주로 밀물과 썰물의 차이가 작은 곳이다. 한반도에는 동해안의 강원도와 함경도에 48개의 석호가 있다. 대륙의 상류에서부터 하천을 타고 도착한 퇴적물, 파랑波浪과 조류가 만든 해변의 모래톱, 산호가 켜켜이 쌓아올린 산호초… 그들의 세월이 쌓이고 쌓여 만灣의 둘레가 된다. 둘레가 생긴 만에 고인 물은 거울 같기도 하고 보석 같기도 하고 싱크홀 같기도 한 호수와 늪과 못이 된다.

석호의 퇴적작용은 지금도 진행 중이다. 완전히

강원도 고성군의 송지호. 우리나라의 대표 석호다. 한반도에는 동해안의 강원도와 함경도에 48개의 석호가 있다.

봉쇄되지 않아서 바다와 물길이 연결되는 호수 형태의 석호도 있고, 퇴적층이 물길을 완전히 막아서 외딴 호수나 습지 형태로 존재하는 석호도 있다. 물의 유입이 완벽하게 차단되고 그 공간이 전부 흙으로 덮여 내륙의 여느 땅과 다름없게 되면 석호가 소멸했다고 본다. 이러한 석호의 생과 멸을 판단하는 지표가 그곳에 사는 식물들이다. 바다와 호수의 생태를 두루 갖춘 석호에는 다양한 수생식물이 있는데, 사는 방식에 따라 그들을 구분해서 부르는 이름이 다르다.

물가, 그러니까 습지에서 호수 쪽으로 들어가면서 가장 먼저 만나게 되는 식물이 '정수식물'이다. 뿌리는 물속 땅에 박혀 있고 물 위로 몸을 빼끔 내밀고 사는 식물들을 말한다. 그들 사이에서도 드물기로 유명한 조름나물과 애기어리연꽃이 석호에 산다. 어느 석호 가리지 않고 널리 자라는 줄과 부들은 정수식물계의 시그니처다. 정수식물보다 물속에 더 깊이 몸을 담그고 사는 건 '부엽식물'이다. 뿌리는 물속 땅에 고정되어 있고 잎만 수면 위로 나오는 식물들. 그중에서도 인적 뜸한 오래된 연못에서 아주 드물게 발견되는 멸종위기종 가시연과 각시수련과 순채는 석호를 그들의 안식처로 삼는다. 개구리밥이나 부레옥잠처럼 온몸을 물에 맡긴 채 둥둥 떠다니는 건 '부유식물'이다. 석호에는 부유식물 통발이 산다. 물고기 잡는 그물 통발처럼 생겨서 이름이 통발인데, 하는 행세도 똑같다. 실처럼 가는 잎이 얼기설기 얽혀서 몸 전체가 그물 모양인 통발은, 그 포충낭 같은 몸으로 물속 생물을 잡아먹는 식충식물이다.

얼마 전까지만 해도 고성의 천진호에는 통발이 각시수련과 순채와 어울려 제법 넓게 살고 있었다. 하지만 최근에 석호 기슭까지 땅을 메우고 들어선 아파트 단지

조름나물. 뿌리는 물속 땅에 박혀 있고 물 위로 몸을 빠끔 내밀고 사는 정수식물이다. 석호를 비롯하여 국내 자생지가 단 몇 곳에 불과한 멸종위기종이다.

때문일까, 그들 면적이 많이 줄어 호수 전체가 수척해 보인다. 천진호 근처의 광포호는 부채붓꽃이 장관을 이루는 석호다. 여러 해 전에 호숫가에 리조트가 들어선 후로 광포호의 식물들이 생활권을 제대로 보장받지 못하고 있다는 소식도 들린다.

바닷물과 민물이 교차하는 석호는 복잡하고도 특별한 생태계를 이끈다. 수생태계에서는 석호가 일종의 황금어장이기도 하다는 이야기를 바다 생물을 전공하는 선배에게 들은 적이 있다. 선배와 같은 어류분류학자들은 채집을 위한 잠수용 장비를 다 갖추고서야 배를 탄다. 잠수해서 채집한 물고기를 안고 저벅저벅 연구실에 복귀하는 선배의 모습을 볼 때면 존경심이 절로 생기곤 했었다. 나도 현장 조사에서 로프에 매달려 암벽을 탄다거나 고목을 올라야 하는 위험한 순간을 피할 수는 없었지만, 바다와 육지를 넘나드는 건 차원이 조금 달라 보였기 때문이다. 선배는 숭어와 황어 같은 회귀성 어종의 산란지로 중요한 곳이 석호라고 했다. 해수와 담수가 섞여 염분이 일정 농도 이상 되는 물을 '기수'라고 하는데, 특히 석호는 기수호인 데다가 일 년에 몇 번 거센 파도나 해일로 바닷물이 호수 쪽으로 범람하는 '갯터짐'이 일어나서 물고기 떼가 모천으로 돌아오는 것을 돕는다고 한다.

이 석호가 기수호입니다, 라고 알려주는 건 식물이다. 솔잎가래와 애기거머리말은 소금물이 섞였다는 표식이다. 물속에 잠겨 사는 이들 '침수식물' 쪽으로 물고기가 고향을 찾아 떼로 모인다. 기수를 품은 석호에는 어류뿐만 아니라 다양한 저서생물도 산다. 그래서 여러 종류의 철새가 한반도 동해안, 그중에서도 석호로 모인다. 붉은어깨도요가 뉴질랜드의 석호에서 오고 뒷부리도요가 알래스카의 석호에서 온다. 붉은발도요와 장다리물떼

애기거머리말. 해수와 담수가 섞여 염분이 일정 농도 이상 되는 기수호의 지표종이다. 석호의 물속에 잠겨 산다.

새 같은 나그네새는 한반도의 석호를 중간 기착지로 삼아 잠시 쉬어가기도 한다.

새들이 안착할 수 있도록 석호에 땅을 마련하는 것도 식물의 몫이다. 식물은 석호의 가장자리에 쌓인 퇴적물을 뿌리와 땅속줄기로 거머쥐어 습지를 이룬다. 그 자리를 알아보고 바다 위를 날던 새들이 착륙을 시도한다. 석호의 습지를 가능하게 하는 식물은 매우 다양한데, 드넓은 땅을 만드는 일은 으레 사초과 식물 그리고 볏과 식물이 한다. 이들의 종류만 해도 150여 종에 달한다. 가장 눈에 띄는 건 큰뚝사초다. 힘 좋은 뿌리가 땅을 단단히 거머쥐어 마치 둑을 쌓을 듯한 기세로 군락을 이루는 석호의 우점종이다. 그에 뒤지지 않게 대규모 군락을 이루는 건 올방개아재비다. 이들 사초류와 더불어 산조풀과 띠와 갈대와 같은 볏과 식물도 군락을 이루며 먼 데서 오는 새떼를 기다린다.

식물들에게 석호가 소중한 가장 큰 이유는, 석호가 그들의 생존을 책임지기 때문일 것이다. 그 배경에는 지구의 오랜 시간을 통과해온 석호의 성정이 있다. 지구의 빙하는 확장과 축소를 거듭해왔다. 지금으로부터 약 2만 년 전을 지구의 빙하가 마지막으로 가장 두터웠던 '최대 빙하기'로 보는데, 얼어 있는 물이 많아서 해수면은 현재보다 낮았고 대륙의 면적은 넓었다. 그 후 간빙기에 접어들며 지구는 온기를 품기 시작했다. 빙하가 조금씩 물러나자 약 1만 년 전부터 땅이 녹고 물이 늘었다. 지구가 더 다양한 생물들이 살 만한 곳이 되었던 것이다. 인간이라는 종이 문명을 이루게 된 시기이기도 해서 현세의 시작을 이 무렵으로 본다. 이를 과학에서는 달리 말해 '홀로세'라고 부른다. 구석기시대가 끝나고 신석기시대로 넘어가는 때였다. 홀로세에 접어든 지구는 더욱 온

올방개아재비. 석호의 우점종으로 대규모 군락을 이루는 사초과 식물이다.

화해졌다. 약 6천 년 전경에 해수면이 가장 높았을 거라고 추정하는데, 이 시기를 '기후 최적기hypsithermal'라고 한다. 어떤 곳에서는 거대한 협곡이 수면 아래에 잠기기도 했다. 지금의 해안선은 이 무렵에 갖추어진 것이라는 이론이 학계에서는 가장 널리 인정받고 있다. 그 후로도 지구는 조금 더 추웠다가 더워지기를 반복했다. 식물은 각자 선호하는 온도를 찾아 조금 더 북반구로 나아가거나 남반구로 이동했다. 그 과정에서 한반도에는 백두대간의 동쪽 깊은 자락까지 바닷물이 밀고 들어와 좁은 만이 형성되기도 했다. 그중에 어떤 곳은 바다로 가는 입구가 막혀 바다도 아니고 호수도 아니고 습지도 아닌 공간, 석호가 되었다. 그렇게 수천 년 전에 한반도에 태어난 석호는 우리와 동시대를 살고 있다.

끊임없이 찾아온 지구의 온도 변화 속에서 식물들은 살기 위해 영역을 확장하고 축소하는 이동 전술을 펼쳤다. 북방계 식물은 조금 더 추워진 시기에 전보다 남쪽으로 이동하며 분포지를 넓혔고, 반대로 조금 더 따뜻했던 시기에는 남방계 식물이 전보다 북쪽으로 그들 영역을 넓게 점할 수 있었다. 그러는 동안에 식물들은 번성하여 그다음에 찾아온 여러 번의 기후변화와 재난 속에서도 그 자리에서 살아남아 현재의 종족 유지에 성공하기도 했다. 식물학계에서는 그렇게 살아남은 식물을 '잔존종'이라 하고 그들을 살린 땅을 '피난처'라고 부른다.

석호를 피난처로 삼은 식물 가운데 갯봄맞이가 있다. 바닷물이 닿는 석호의 가장자리에만 사는 우리나라의 멸종위기 식물이다. 봄 왔다고 논에 자잘한 꽃들 하얗게 피워 온몸으로 봄을 알리는 들꽃 봄맞이와 같은 혈통의 식물이지만 북방계 식물 갯봄맞이는 우리나라에서 단 몇 곳의 석호에만 산다.

제비붓꽃도 마찬가지다. 기름진 좋은 땅 다 마다하고 오직 석호에만 살겠다는 식물. 꽃망울이 붓을 닮은 붓꽃류는 꽃잎인지 꽃받침인지 구분되지 않는 꽃덮이의 생김새가 각 종을 구분하는 식별형질이다. 제비붓꽃은 보라색 꽃덮이에 하얀 무늬가 특징인데, 배는 하얗고 꼬리는 날렵한 제비를 여러모로 쏙 빼닮았다. 바닷물이 한 방울도 들지 않는 석호, 고성의 선유담과 봉포호에 제비

갯봄맞이. 바닷물이 닿는 석호의 가장자리에만 사는 우리나라의 멸종위기식물이다. 논과 들에 피는 '봄맞이'와 같은 혈통이지만 갯봄맞이는 석호에만 산다.

붓꽃이 군락으로 자란다.

고성의 가진항과 오호항 사이에 남북으로 길고 중간이 잘록한 표주박 모양의 송지호가 있다. 상류의 하천에서 운반되는 퇴적물보다 바다에서 몰려오는 모래가 더 많이 쌓여서 송지호에는 연안사주가 특히 발달했다. 연안류와 파랑이 모래를 끌고 와서 송지호의 해변을 유독 아름답게 만드는데 때로는 어떤 씨앗을 데려오기도 한다.

그렇게 천도미꾸리광이가 2012년에 송지호에 나타났다. 현재까지 발견된 국내의 서식지는 송지호가 전부다. 북방의 쿠릴열도 연안에서 해류를 타고 도착했을 것이라고 추정되는 식물이다. '미꾸리광이'는 미꾸리가 살 정도로 물이 괴는 곳에서 사는 볏과 식물을 뜻하고 '천도'는 쿠릴열도의 한자식 표기이다.

반대로 남쪽의 인도양 어딘가에서 해류를 타고 올라왔을 것이라 추정되는 벼룩아재비도 송지호에 있다. 이 남방계 식물은 송지호뿐만 아니라 훨씬 북쪽인 연해주 연안에서 뜬금없이 발견되어 러시아 식물학자들을 깜짝 놀라게 했다. 학자에 따라서는 해류뿐만 아니라 철새나 나그네새에 그 씨앗이 딸려 왔으리라 추정하기도 한다. 또는 그들이 비교적 더 따뜻했던 아주 먼 과거에 지금보다 널리 자라다가 다소 추워졌던 어느 시기에 쇠퇴하여 석호와 연안의 습지를 피난처로 삼아 살아남았을 거라는 견해도 있다.

어떻게 보면 송지호는 재첩에게도 같은 의미의 장소일 것 같다. 송지호는 동해안에서 재첩이 살 수 있는 유일한 곳이니 말이다. 우리 동해안 석호에서 어획한 재첩은 크기가 굵고, 검고 광택이 나는 게 특징인데 일찍이 일본에서 그 가치를 알아보고 값을 얹어서 수입했었다고 한다. 하지만 어쩐 일인지 2010년을 전후하여 그 많던 석호의 재첩이 떼로 폐사하고 있다고 한다. 여름철 수온이 이례적으로 높아지면서 퇴적된 펄에서 가스가 발생하여 재첩이 집단 질식사한다는 게 학계의 분석이다.

남한 제일 북단에 있는 석호는 화진포花津浦다. 한자를 풀어쓰면 '꽃나루'인데, 이름처럼 정말 화진포에는 꽃들이 많다. 국내 석호 중에 가장 많은 식물을 품은 곳으로 이곳에 사는 식물이 자그마치 350종에 달한다. 북방계 식물로 국내에는 석호 단 몇 곳에만 사는 털연리초와 눈양지꽃이 화진포에서 피었다 지고, 털부처꽃과 갯메꽃과 해당화는 군락을 이루어 화진포를 그야말로 꽃나루로 만든다. 화진포는 국내의 다른 석호들과 조금 다르다. 동해안 연안류는 남쪽으로 흐르기 때문에 남한의 석호는 바다로 이어지는 통로가 모두 남쪽으로 나 있지만, 유일하게 화진포만 이북에 고향을 두고 온 누군가의 마음처럼 바다로 가는 통로가 북쪽을 향한다.

남과 북의 군사분계선을 경계로 화진포에 바짝 붙은 북한의 최남단 석호는 감호鑑湖다. 얼마나 아름다운지 선녀가 하늘에서 내려뜨린 거울과 같다는 이름의 석호. 조선 전기의 문인 양사언은 감호 북쪽 기슭에 '하늘에서 날아온 정자'라는 의미의 비래정飛來亭을 짓고 거기서 글을 쓰며 살았다. 그래서인지 감호는 일찍부터 관동지방의 명승지로 알려졌다. 감호와 어깨를 나란히 하는 또 다른 유명한 석호가 삼일포三日浦다. 북한은 삼일포를 천연기념물 제218호로 지정해두었다. 남측이 금강산을 관광

털연리초(위쪽)와 눈양지꽃(아래쪽). 우리나라에는 단 몇 곳의 석호에만 산다.

하던 시절에 삼일포는 해금강 권역 관광의 핵심코스였다. 신라의 화랑 넷이 그 풍경에 반해 사흘 동안 머물렀다고 삼일포라는 이름을 얻었다는 그 아름다운 곳을 조선 후기의 화가 심사정이 풍경화로 남겼는데, 그 작품은 현재 간송미술관에 소장되어 있다. 나는 북한의 석호가 보고 싶을 때 온라인으로 그 그림을 열어본다. 북한에는 석호의 식물들이 얼마나, 어떻게 살고 있을지를 상상하면서.

한반도 48개의 석호 중에 절반을 훌쩍 넘는 30개가 북한에 남아 있다. '남아 있다'라고 한 것은 남한에 비해 해안 개발을 덜한 북한이 더 많은 석호를 지키고 있기 때문이다. 땅을 메우는 인간의 개발 행위는 석호가 가진 수천 또는 수백 년의 수명을 삽시간에 단축할 수 있다. 석호의 시간을 무사히 지켜내는 일이 우리 모두의 일이 되었으면 한다. 남과 북의 석호, 식물과 동물의 석호, 바다와 육지의 석호, 과거와 미래의 석호, 지구의 석호. 석호는 우리 모두의 것이니까.

꼬리진달래를 아시나요

화사하게 핀 진달래 앞에 머물렀던 봄의 기억은 가을의 중턱이면 이미 희미해지고, 그간의 싱그럽던 초록의 잎을 진달래는 미련 없이 다 떨군다. 겨울을 날 채비를 야무지게 하는 것이다. 이와 달리 겨울이 와도 위세가 당당하게 푸른 잎을 달고 있는 상록의 진달래가 있다. 바로 꼬리진달래다. 진달래와 같은 혈통의 진달래속 식물이지만 상록수이고 꽃은 한여름에 핀다. 하얀색 작은 꽃이 꽃대에 촘촘히 모여 피어 전체적으로 토끼의 꼬리 모양처럼 보인다. 그래서 얻은 이름이 꼬리진달래다. 애석하게도 그들의 존재를 아는 사람은 많지 않다. 진달래처럼 널리 자라지 않고 꽃집에서 쉽게 살 수도 없기 때문이다. 남한에서 꼬리진달래는 정선과 영월, 문경과 단양과 제천, 봉화와 울진 등의 암석 지대에만 자란다. 국내를 벗어나면 북한과 중국의 일부 지역에만 산다.

잎을 단 채 겨우내 혹한과 폭설을 견디는 꼬리진

꼬리진달래. 진달래와 같은 혈통의 진달래속 식물이지만 상록수이고 꽃은 한여름에 핀다. 하얀색 작은 꽃이 꽃대에 촘촘히 모여 피어 전체적으로 토끼의 꼬리 모양처럼 보인다.

달래의 모습은 그야말로 신비롭다. 그들이 사는 장소는 더 경이로운데, 비옥한 땅 다 놔두고 척박한 산지의 바위 지대만 골라서 뿌리를 내린다. 한때는 백두대간을 따라 지금보다 훨씬 더 많이 자랐을 테지만 채광과 건설을 비롯하여 인간의 개발 행위가 꼬리진달래의 터전을 앗아가버렸다. 그들이 살던 많은 자리에 지금은 시멘트 공장과 제련소와 고가도로가 들어섰다.

개발로 사라져가는 식물을 보전하기 위한 노력은 국내외 없이 다급하게 진행되고 있는데, 수목원과 식물원도 중요한 역할을 하고 있다. '수목원·정원의조성및진흥에관한법률'에 따르면, 식물이라는 대상을 '보전'하고 '전시'하고 '교육'하고 '수집'하고 '증식'하는 일련의 일들과 그것을 연구하는 공간이 바로 수목원과 식물원이다.

가장 주된 일은 보전•이다. 인간의 활동으로 부득이하게 자연의 한 곳을 개발하게 될 경우, 무작정 산을 깎아내고 숲을 파헤칠 수는 없다. 본래 그 자리에 살고 있던 식물의 생존권이 훼손되기 때문이다. 그래서 식물과학은 '대체 서식지 조성'이라는 개념을 만들었다. 별도의 공간을 마련하여 식물이 본래 살던 서식지와 똑같은 환경을 만든 후 현지의 식물을 옮겨 심는 일을 말한다. 수목원과 식물원은 그 일을 사명으로 여긴다. 이 같은 대체 서식지가 모이고 모인 공간이 수목원과 식물원인 것이다. 식물이 기존에 살던 장소 이외의 곳에서 생명을 이어나간다고 하여 수목원과 식물원을 '현지외보전원'이라고도 부른다. 저마다 살던 곳에서 각자의 사연으로 모인

• 법에서는 '보존'이라고 표기하나, 필자를 비롯한 보전생물학 연구진은 '보존'과 '보전'을 구분해서 본다. 있는 그대로를 존치한다면 '보존', 건강한 자연을 대대손손 전한다면 '보전'이라고 구분해서 쓰기 때문에, 여기서는 '보전'이라고 적었다.

식물들이 하나둘 늘다 보니 수목원과 식물원에는 '수집'과 '전시'의 기능이 생기고 '교육'의 장이 마련된다. 또 그곳에서 새 삶을 얻은 식물이 꽃을 피우고 열매를 맺어 다음 세대를 잇기 때문에 절로 '증식'의 기능도 생긴다. 오늘날 식물을 감상하고 그들에게서 위안을 얻으려는 사람들이 늘면서, 수목원과 식물원에서는 꽃의 모양과 빛깔이 좋은 재배식물을 전시하고 다양한 체험형 교육 프로그램을 진행하고도 있으나 그곳의 존재 이유는 무엇보다 식물을 지키는 것이다.

북한은 꼬리진달래를 극진히 보호한다. 2005년 북한의 식물학자들과 유네스코 '인간과 생물권(MAB)' 프로그램이 공동으로 발간한 〈북한의 적색목록(식물)〉을 펼쳐보면 꼬리진달래를 심각한 멸종위기종으로 기록하며 보전의 필요성을 힘주어 강조한다. 그래서 평양의 중앙수목원에서는 평안북도 피현군에 자라던 꼬리진달래의 대체 서식지를 1976년부터 조성하여 보전과 복원 사업을 진행하고 있다. 북한과 비교하면 남한의 개발되지 않은 땅에는 꼬리진달래의 자생지가 많고 개체수도 풍부한 편이라 남한에서 꼬리진달래는 멸종위기종으로 지정되지 않았다. 하지만 그 많은 개체도 인간의 개발 행위로 삽시간에 뭉개질 수 있다. 내가 속한 국립백두대간수목원 보전연구실에서는 그래서 꼬리진달래 보호 프로젝트를 여러 해 동안 진행하고 있다. 꼬리진달래는 남과 북이 함께 지켜야 할 한반도의 소중한 식물이기 때문이다.

영국의 이든 프로젝트Eden Project 식물원은 폐광 위에 거대한 온실을 지어 전 세계에서 사라져가는 식물을 모으고 보전하는 곳으로 명성이 높다. 폐허로 방치된 곳에 식물원이 생기자 사람들이 모이기 시작했고, 버려진 땅은 활기를 되찾았다. 지역사회와의 상생으로 지금은 세계적인 명소가 된 그곳에서 정원 조성 업무를 담당하는 가드너가 몇 해 전에 경북 봉화까지 왔었다. 그녀는 이든 프로젝트 식물원에 별도의 공간을 마련하여 한국 정원 조성 프로젝트를 기획하던 참이었다. 한국의 자연과 식물을 직접 보고 배워야 했던 그녀가 단기간에 학습할 최적의 장소로 택한 곳이 국립백두대간수목원이었다. 수목원의 곳곳을 안내하는 일이 내게 맡겨졌다. 그녀는 머무는 시간 동안 한국의 식물과 그 식물이 사는 환경을 부지런히 익혀야 했고, 나는 이든 프로젝트에서 진행되는 멸종위기 식물 보전 프로젝트에 대해 궁금한 게 많았다. 수목원을 종횡무진 누비며 우리는 쉼 없이 서로에게 묻고 답했다. 그 길에서 만난 꼬리진달래 앞에서 그녀는 "신비한 진달래속 식물"이라며 걸음을 멈추었다. 나는 이쪽의 꼬리진달래는 석회암 채광장에서, 저쪽의 꼬리진달래는 도로 공사 현장에서 구조했다는 기구한 사연을 알려주었다. 유럽에는 없는 우리의 꼬리진달래가 얼마나 아름다운지도 자랑스럽게 소개했다. 예상했던 대로 그녀는 감탄을 연발했다. 먼 타국에서 만난 어여쁜 꼬리진달래가 그녀의 눈에는 유독 이국적인 식물로 보였을 것이다. 개발의 압력에 자생지가 점점 사라지고 있는 식물이라고 덧붙이자 그녀는 자신이 꾸릴 한국 정원에 꼬리진달래를 꼭 소개하고 싶다며 다소 격앙된 어조로 내게 화답했다.

꼬리진달래를 안전하게 지키기 위해 나는 그들의 삶을 집요하게 추적하고 꼼꼼히 기록한다. 제대로 지키려면 그 대상을 자세히 알아야 하니까. 꼬리진달래를 찾아 나서는 탐사 업무는 서식지 특성상 주로 험준한 바위산에서 이루어질 때가 많다. 몇 해 전만 해도 경북 봉화와 울진을 잇는 산지에는 꼬리진달래 군락지가 지금보다 훨씬 더 많았다. 그들 사이로 멸종위기종인 산양과 삵과 담비가 다녔다. 지금은 국도 36호선의 신설 교량과 터널이 그 자리의 일부를 점령하고 있다.

낙동강 최상류 지역인 경북 봉화군 석포면에는 낙동강 물줄기를 중심으로 영풍제련소가 있다. 그 동쪽으로 월암산과 비룡산이, 서쪽으로는 오미산이 자리하고 있다. 모두 꼬리진달래를 품고 있는 험준한 산들이다. 2019년 가을에 꼬리진달래 군락지를 찾아서 오미산에 올랐다. 정상에 도착하자 낙동강이 굽이치는 근사한 풍경에 꼬리진달래를 찾아야 한다는 임무도 잊었는데, 그와 동시에 소스라치게 놀라지 않을 수 없었다. 제련소를 통과한 물줄기 주변 산들 색이 온통 바랬기 때문이다. 특히나 근방의 명물인 금강소나무 군락이 초록을 잃은 채 맥없이 서 있었다. 나중에야 한 연구팀의 논문을 통해 그

험준한 바위산에 사는 꼬리진달래 군락지 모습. 비옥한 땅 다 놔두고 척박한 산지의 바위 지대만 골라서 뿌리를 내린다.

이유를 알 수 있었는데, 영풍제련소에서 흘러나온 중금속이 인근 산지의 토양에 스며들었기 때문이었다. 그 피해는 한 곳에만 머무는 것이 아니라 주변 지역으로 확산되어 더 커질 것이라는 끔찍한 연구 결과였다. 그곳의 꼬리진달래 역시 시름시름 앓고 있었다.

그때의 아픈 기억을 달랠 길이 있었다. 개발과 훼손의 위협에서 동떨어진 곳에 사는 꼬리진달래를 만났기 때문이다. 경북 봉화군 춘양면에는 조선왕조실록을 보관했던 조선 후기 5대 사고史庫의 하나인 '태백산 사고지'가 있다. '태백산'이라 이름 붙었으나 정확하게는 태백산의 지맥인 각화산이다. 내가 만난 꼬리진달래 군락지 가운데 아름답기로 손꼽는 곳이 바로 이 사고지 주변이다. 태백산 사고 수호사찰인 각화사에서 앞장서 각화산 입구를 사찰림으로 엄호해온 덕에 개발의 압력에서 벗어난 곳으로, 인적 드문 곳이 꼬리진달래에게는 살기 좋은 땅이라는 것을 증명해주는 곳이다.

꼬리진달래를 지키기 위해 이 글을 쓴다. 그들이 사는 장소를 실명으로 제시한 것도 지금보다 조금 더 잘 지켜주고 싶기 때문이다. 혹여나 내가 쓴 글이 꼬리진달래를 해치는 길이 되지 않기를 간절히 바란다.

들국화는 없다

흔히들 가을을 들국화의 계절이라고 한다. 하지만 우리 산천에 '들국화'라는 이름의 꽃은 없다. 감국, 산국, 구절초, 쑥부쟁이는 있어도 들국화라는 이름의 식물은 지구상에 없다. 왕대, 솜대, 이대는 있지만 '대나무'라는 이름이 붙은 나무는 없고, 갈참나무, 졸참나무, 떡갈나무는 있지만 '참나무'라는 이름의 나무가 없는 것과 마찬가지다.

북쪽에서 내려온 백두대간의 주 능선이 구룡산에서 서쪽으로 방향을 틀어 소백산으로 이어지는 길목에 2017년 국립백두대간수목원이 들어섰다. 그때부터 나는 봉화군민으로 살고 있다. 시골의 작은 마을에 창이 많고 마당이 넓은 집을 얻어 셋방을 산다. 덕분에 창밖으로 보이는 백두대간 마루금 풍경을 집에 앉아서 감상하는 호사를 누린다. 가을이면 내가 애써 가꾸지 않아도 '들국화' 무리가 마당을 찾아와서 가을을 실감케 해준다. 노란

감국. 한방에서 약재로 쓰는 국화과 식물로 단맛이 난다고 해서 감국이라 부른다. 산국에 비해 꽃이 크다. 우리나라 해안가 바위지대를 중심으로 비교적 드물게 자란다.

들국화도 있고, 하얀 들국화도 있고, 옅은 분홍색의 들국화도 있다.

노란색으로 꽃피는 들국화는 감국甘菊과 산국山菊이다. 꽃이 크고 단맛이 나는 감국과 비교적 꽃이 작고 산과 들에서 쉽게 만날 수 있는 산국. 감국은 한방에서 대접받는 약재였고, 꽤나 귀해서 궁중이나 양반가에서 주로 이용했던 식물이다. 《동의보감》은 감국과 산국을 구분하며 "단 것은 약에 넣지만 쓴 것은 쓰지 않는다" 했고, "감국은 수명을 연장시키지만 산국은 사람의 기운을 빠지게 한다"고도 했다. 하지만 현대 과학은 감국과 산국의 효능을 동일하게 본다. 궁중음식에서 빠지지 않았던 국화전에는 반드시 감국을 썼다. 꽃이 큼직하니 보기 좋아야 했고 단맛이 입안을 감싸야 했기 때문이다. 양반들이 절기에 맞춰 먹었던 절식節食에서 가을에 빠지지 않는 제철 재료도 감국이었다. 조선 최초의 근대적 요리점 명월관에는 감국으로 전병을 만드는 전통비법이 있기도 했다.

《동의보감》은 감국을 중요한 약재로 손꼽는다. 꽃을 가루 내어 따뜻한 물에 타서 마시면 눈을 밝게 하고 술을 빚어 먹으면 풍을 다스린다 했고, 줄기와 잎을 찧어 만든 연고를 '도잠고陶潛膏'라 하여 피부 질환에 처방했다는 기록도 있다. 그 시절 우리 선조가 남긴 전통 지식에서 오늘날 감국와인, 감국분말차 등이 개발되어 있다. 꽃과 잎에서 추출한 성분이 항염증, 피부개선 효능이 있어서 피부연고, 보습제, 세정제의 원료로 이용하기도 한다. 민간에서는 감국보다 우리 주변에서 쉽게 만날 수 있는 산국을 널리 이용한다. 어린순은 나물로 먹고, 말린 꽃은 차로 마시거나 설탕에 절여 먹는다. 또 입욕제로 쓰거나 천연염색 재료로도 활용한다. 머리를 맑게 한다 하여 베갯속을 말린 꽃으로 채우기도 한다. 감국과 산국은 집에 들여 가꾸는 국화의 기본종들이다. 전 세계적으로 수많은 품종이 개발되어 국화 애호가들의 관심을 한 몸에 받고 있다.

하얀색 꽃이 피는 구절초는 우리에게 제법 익숙한 들국화다. "누이야 가을이 오는 길목 구절초 매디매디 나부끼는 사랑아 / 내 고장 부소산 기슭에 지천으로 피는

산구절초. 아기 손바닥 모양의 잎을 가진 구절초에 비해 잎 가장자리가 깊게 갈라진다.

사랑아 / 뿌리를 대려서 약으로도 먹던 기억". '눈물의 시인'으로 불리는 우리나라 대표 서정시인 박용래의 시 〈구절초〉는 이렇게 시작한다. 한 편의 시가 구절초를 그림처럼 또렷하게 표현하고 있다. 구절초는 가을이 깊어갈 무렵 노란 중심꽃에 하얀 꽃잎을 가지런히 달고 피어 단정하고도 청아한 느낌을 준다. 음력 9월 9일에 꺾어 약으로 쓰는 풀이라 하여 '구절초'라 불렀고, 같은 의미에서 '구일초'로 부르기도 한다. 마디가 9개가 될 정도로 컸을 때 꺾어야 약효가 좋다 하여 '구절초'가 되었다는 설도 있다.

한방에서는 '선모초仙母草'라 부르기도 하는데 예로부터 부인병을 다스리는 데 널리 썼기 때문이다. 《동의보감》에서는 출산 전후 써야 할 주요 약재로 단연 구절초를 꼽는다. 현대 과학이 증명한 효능도 다양하다. 꽃에서 추출한 항균성 물질, 낮은 세포독성 효과, 유방암 전이 억제 효과 등에 대한 다수의 논문이 발표된 바 있고, 기억력과 학습력 증진에 도움이 되는 건강식품이 구절초를 성분으로 하여 특허로 출원되기도 했다.

구절초의 진짜 매력은 뭐니 뭐니 해도 꽃이다. 박용래 시인의 노래처럼 "단추 구멍에 달아도 머리핀 대신 꽂아도" 정말 예쁜 꽃이 구절초다. 덕분에 가을이면 지역 곳곳에서 구절초 꽃 군무가 펼쳐진다. 전북 정읍, 세종시 장군산은 가을의 구절초로 이름난 지 오래다. 세시풍속 중 하나인 음력 9월 9일 중양절에 우리 선조들은 곱게 부친 구절초 화전을 나누어 먹기도 했다. 산구절초, 바위구절초, 포천구절초 등 잎과 꽃의 생김새에 따라 구절초 종류는 조금 더 다양하게 구분된다. 생김새와 효능 덕분에 구절초의 꽃말은 '순수'와 '모성애'다.

분홍 빛깔의 들국화는 쑥부쟁이 종류다. 그중에서도 갯쑥부쟁이와 가새쑥부쟁이를 우리나라 산과 들에서 가장 쉽게 만날 수 있다. 갯쑥부쟁이는 바다를 뜻하는 접두어 '갯'을 달고 있지만 한반도 전역의 산지, 풀밭, 바닷가 가리지 않고 잘 자란다. 가새쑥부쟁이는 잎의 가장자리가 가위로 잘라놓은 듯 들쑥날쑥 갈라지는 모양 때문에 그 이름에 '가위'를 뜻하는 방언 '가새'를 관형사처럼 달고 있다. 산지에서 쉽게 만날 수 있는 까실쑥부쟁이도

갯쑥부쟁이(위쪽)와 쑥부쟁이(아래쪽). 갯쑥부쟁이는 바다를 뜻하는 접두어 '갯'을 달고 있지만 한반도 전역의 산지, 풀밭, 바닷가 가리지 않고 잘 자란다. 쑥부쟁이는 주로 남부지방과 제주도의 다소 습한 농경지 주변에 드물게 자라 쉽게 만날 수 없다.

있다. 잎과 줄기에 빳빳한 털이 있어 그 까실까실한 느낌 때문에 그렇게 부른다. 정작 쑥부쟁이는 쉽게 만날 수 없다. 주로 남부지방과 제주도의 다소 습한 농경지 주변에 드물게 자라기 때문이다.

단양쑥부쟁이. 우리나라 단양에서 처음 발견되어 제 이름을 얻었고, 잎이 가늘어서 소나무 잎을 닮았다는 뜻으로 북한에서는 '솔잎국화'라 부른다.

내 마음이 가장 오래 머무는 들국화는 단양쑥부쟁이이다. 우리나라 단양에서 처음 발견되어 제 이름을 얻었고, 북한에서는 가는 잎이 소나무 잎을 닮았다 하여 '솔잎국화'라 부른다. 단양을 비롯하여 경기도 여주의 하천가에서 아주 드물게 자라기 때문에 환경부는 단양쑥부쟁이를 멸종위기 야생생물 2급 식물로 지정하여 보호한다. 과거에는 지금보다 널리 자랐을 것으로 추정하나 수안보 일대의 댐 건설로 강변이 수몰되어 그들이 살 수 있는 터전이 사라졌고, 4대강 사업으로 진행된 하천 정비사업은 얼마 남지 않은 단양쑥부쟁이의 자생지마저 앗아가버렸다. 2010년 봄에는 남한강 중류의 도리섬 일대에 포클레인과 화물차에 짓밟힌 단양쑥부쟁이 소식이 뉴스로 전해

수목원과 식물원에서는 사라져가는 우리 땅의 식물을 지키기 위해 그들의 씨앗을 모아 키우고 살리고 늘린다. 2017년 3월 14일에 파종한 단양쑥부쟁이 씨앗이 일주일 후에 싹을 틔웠다.

졌고, 2017년 가을에는 남한강 바닥에서 퍼올린 흙을 버려둔 더미에서 단양쑥부쟁이가 군락을 이루며 만개했다는 소식이 들리기도 했다. 단양쑥부쟁이의 씨앗을 품었을 그 곱고 많은 흙은 다 어디로 갔을까.

이렇게 사라져가는 우리 땅의 식물을 지키기 위해 수목원에서는 식물을 구조하고 살리는 일을 주로 한다. 4대강 사업이 할퀴고 간 자리, 버려진 흙이 쌓인 그 더미에서 몇 홉 안 되는 단양쑥부쟁이 씨앗을 모아 키우고 늘리는 일을 수목원은 묵묵히 해왔다. 덕분에 단양쑥부쟁이가 가을에 떼로 핀 광경을 수목원에서나마 볼 수 있게 되었다.

침엽수 학살

해마다 겨울이 오면 많은 이들이 스키장 개장을 손꼽아 기다린다. 하지만 나에게는 그 시즌 오픈이 반갑지 않다. 누군가의 희생으로 생겨난 장소가 스키장이라는 걸 알기 때문이다. 스키장을 만들면서 우리는 그 땅에 살던 침엽수를 너무 많이 죽였다.

침엽수가 누구던가. 편의상 '바늘잎'을 가진 나무를 침엽수, '넓은잎'을 가진 나무를 활엽수라고 구분해서 부르지만 그들을 나누는 식물학적 기준은 잎이 아니라 생식기관에 있다. 장차 씨앗이 될 밑씨를 보호하는 기관인 '씨방(子房)'의 유무가 기준이 된다. 밑씨를 꽃잎과 꽃받침이 겹겹으로 단단히 감싸서 보호하고 있는 식물을 묶어서 속씨식물(피자식물)이라고 한다. 장미와 백합과 벚나무처럼 우리에게 익숙한 꽃이 피는 식물이 여기에 해당한다. 반대로 씨방 없이 밑씨를 드러낸 채 다른 방식으로 잉태하는 무리가 겉씨식물(나자식물)이다. 그래

한반도에 저절로 나고 자라는 침엽수 중 68퍼센트에 해당하는 19종이 지구에서 멸종의 위기에 처했다. 특히 한반도의 높은 산정에 모여 살던 다양한 종류의 침엽수가 생의 영역을 좁혀가고 있다. 사진은 2018년 5월 지리산 천왕봉 일대에서 항공 조사로 확인한 가문비나무와 구상나무의 고사 모습. 고사목은 점점 더 늘고만 있다.(사진: 녹색연합 서재철 전문위원)

서 겉씨식물은 속씨식물과 달리 씨방과 꽃잎과 꽃받침이 없어 '꽃이 핀다'라는 말 자체가 성립할 수 없다. 그런 겉씨식물 중에 솔방울 같은 구조를 만들고 그 사이사이에 씨앗을 얹어 번식에 성공하는 식물을 묶어보니 하나같이 바늘잎을 하고 있어서 그들을 '침엽수'라고 부르는 것이다. 겉씨식물에게는 '꽃'이라는 용어를 쓸 수 없고 '암꽃'과 '수꽃' 대신에 '암배우체'와 '수배우체'라는 용어를 써야 한다며 깐깐히 따져 말하는 식물학자도 있지만, 그 언쟁보다 중요한 것은 현재 그들이 처한 상황이다.

침엽수는 지금 전 세계적으로 멸종위기에 놓여 있다. 신생대 제3기와 제4기, 지구가 극도로 추웠던, 그래서 매머드가 수북한 털을 방한복처럼 두르고 활동했던 그 시기에 한반도를 비롯하여 전 대륙에 드넓게 자랐던 식물이 그들이다. 다소 춥고 습한 환경을 선호하는 그들의 DNA는 인간이 상상도 할 수 없는 아주 먼 옛날에 만들어진 것이다. 자꾸만 기온이 상승하며 이들이 사라져 가는 속도가 심상치 않다는 걸 일찍부터 알아차린 영국 에든버러왕립식물원Royal Botanic Garden Edinburgh의 식물학자들은 1991년 '국제 침엽수 보전 프로그램(ICCP)'을 만들고 그들을 살피는 일에 집중했다. 그 노력은 세계자연보전연맹 침엽수보전위원회IUCN/SSC Conifer Specialist Group의 탄생을 이끌었고, 위원회는 전 세계 615종류의 침엽수를 파악하여 그중 34퍼센트에 달하는 211종류가 멸종의 위기에 처했다는 연구 결과를 발표했다. 한반도에 저절로 나고 자라는 침엽수가 28종인데 그중 68퍼센트에 해당하는 19종이 지구에서 멸종의 위기에 처했다는 것이다. 이 충격적인 사실을 정작 우리는 잘 모른다.

특히 한반도의 높은 산정에 사는 침엽수가 큰일이다. 우리 반도가 시베리아처럼 춥던 빙하기에 그들이 러시아 연해주의 시호테알린 산맥을 타고 남쪽으로 백두대간 하부의 깊은 곳까지 확장했을 거라고 학자들은 짐작한다. 빙하기 이후 지구가 온난해지는 시기와 한랭해지는 시기를 반복하는 동안에 그 침엽수들은 백두대간을 따라 북진하거나 남하하며 한반도에서 생존을 이어온 것이다. 침엽수뿐만 아니라 더 많은 북방계 출신의 동식물이 그 산맥을 따라 살아왔고 지금도 살아가기 때문에 백두대간을 한반도의 '생태축'이라고도 한다.

기후변화와 함께 침엽수는 점차 북위도로, 동일한 위도에서는 최대한 고도가 높은 지역으로 생의 영역을 좁혀가고 있다. 국내에서는 침엽수가 숲을 이루며 살 수 있는 땅이 백두대간의 일부 산정에 고립되고 있다. 안타깝게도 바로 그 지점들을 골라 지난 수십 년간 대한민국은 발왕산, 가리왕산, 태백산, 덕유산 등지에 스키장을 만들고 확장하고 치장했다. 그러니까 서양에서 우리 땅에 사는 침엽수가 멸종위기에 처했다는 연구를 이어가던 그 시간에, 정작 우리는 그들이 사는 땅을 개발하는 일에 몰두해 그들을 멸종의 위기로 더 가혹하게 내몬 것이다. 그래서 누군가에게는 축제의 장인 스키장이 언젠가부터 내게는 침엽수를 추모하는 공간이 되었다. 백두대간의 드넓은 면적을 점했던 구상나무는 덕유산에서, 분비나무는 강원도 산지에서 특히 타격이 컸다.

구상나무는 소백산 이남 지역인 덕유산, 지리산, 한라산 등지에 자생하는 우리나라 특산종이다. 이들 산지에서 구상나무가 소멸하면 지구상의 한 생물이 멸종한다는 사실에서 세계자연보전연맹은 구상나무를 심각한 멸종위기종으로 평가한다. 구상나무는 영국 식물학자 어니스트 헨리 윌슨에 의해 일제강점기에 세상에 알려졌다. 1917년 미국의 보스턴에서 한반도로 식물채집을 왔던 그는 10월 말에 한라산에 올라 구상나무를 채집했다. 그 표본을 분석하여 그의 이름을 명명자로 달아 '신종'으로 발표한 것이다. 그래서 구상나무의 이름은 영어로 'Korean fir'이고, 학명은 '*Abies koreana* E.H.Wilson'이다. 그 이후 다양한 경로를 통해 서양에 건너갔고 오늘날 그 개량종은 크리스마스 트리로 사랑받고 있다. 우리 이름 '구상나무'는 나무의 솔방울이 성게를 닮았다고 해서 '성게'의 제주도 방언 '구살'에서 왔다. 이 '구살낭'이 한라산과 지리산과 덕유산에서 최근 들어 급격하게 고사하고 있다.

'덕유산만 지켰더라면' 하는 생각을 월봉산 구상나무 아래에서 했다. 월봉산은 남덕유산 동남쪽에 바짝 붙은 해발고도 1,280미터의 산이다. 덕유산에서 뻗은 산줄기가 남덕유산과 월봉산을 지나 그 이남의 지리산으로 이어지기 때문에 덕유산과 월봉산은 여러모로 닮은 점이 많다. 하지만 스키장은 덕유산에만 있다.

덕유산과 남덕유산을 잇는 능선 중에서 구상나무가 가장 좋아하는 곳은 특히 더 추운 북쪽 사면과 서쪽 사면의 골짜기로, 이른 봄까지도 잔설이 오래 남는 장소다. 그곳을 스키장 최적지로 지목하고 무주리조트 착공을 허락한 인물은 전두환이다. 개발이라는 명목하에 그 많던 구상나무를 삽시간에 폭력으로 제압하고 없애버렸는데, 남한에서 구상나무보다 드물게 자라는 가문비나무와 주목도 함께였다. 리조트는 1987년에 착공해서 1990년에 준공했고, 1997년 동계 유니버시아드를 개최하면서 스키장 슬로프와 구조물을 무리하게 늘렸다. 착공부터 확장까지 그야말로 구상나무 대학살이 일어난 곳이 무주리조트다.

월봉산에는 다행히 인간에 의해 손상되지 않은 비슷한 장소가 있다. 이 순결한 침엽수림에서 기후위기에 대응하기 위한 일종의 단서와도 같은 것을 찾을 수 있을까 싶어 나는 연구진 몇 명과 팀을 이뤄 2021년에만 수차례 월봉산에 올랐다. 식물이 사는 특정 장소의 현 상황을 얼마간 지켜보며 그 추이를 분석하고 다가올 환경을 예측하는 서식지 모니터링 조사를 위해서다. 기후위기라는 새로운 환경에 접어든 구상나무를 앞에 두고 현재 그들의 상태를 조목조목 야장에 받아 적고 분석하는 일련의 과정은 주치의가 환자의 병을 추적하기 위하여 진료

기후위기에 대응하기 위한 일종의 단서와도 같은 것을 월봉산 구상나무 서식지에서 찾을 수 있을까 하는 기대로, 장기간에 걸쳐 서식지를 관찰하고 데이터를 축적하는 서식지 모니터링 조사를 한다.

차트를 작성하는 것과 유사하다. 이를테면 구상나무가 어떤 식물과 어떤 토양에서 어떤 방식으로 모여 사는지, 서식지에 머무는 빛과 수분과 양분의 상태는 어떠한지, 어떻게 수분이 이루어지고 수정에 성공하는지, 생활사는 어떠한지, 그들 몸에 기대어 사는 곤충과 미생물은 누구인지 등을 파악하여 진단과 치료를 위한 단서를 모으는 일. 생물은 변화하는 환경에 순응하며 얼마간의 시간을 두고 적응해서 살기 때문에, 그들의 현상을 짧은 시간 어떤 단편만을 보고 해석할 수는 없는 일이다. 수학 문제 풀듯이 주어진 시간 내에 딱딱 답을 내는 건 더 어렵다. 그래서 장기간에 걸쳐 그 현상을 분석하는 모니터링 조사는 우리 분야에서 아주 중요한 연구 방식이다. 앞으로 몇 년간은 묵묵히 월봉산에 오를 예정이다.

소백산 이북의 산정, 그러니까 태백산, 함백산, 오대산, 설악산 등지에서 구상나무와 아주 비슷한 나무를 만났다면 그건 분비나무다. 구상나무에 비해 분을 칠한 듯이 수피가 흰 편이라 '분피나무'로 부르다가 '분비나무'가 되었다. 열매를 유심히 관찰하지 않으면 구상나무와 너무 닮아서 헷갈리지만 둘은 사는 영역이 정확하게 구분된다. 소백산을 기준으로 그 이북에 살면 분비나무, 그 이남에 살면 구상나무다. 분비나무는 중국 동북부 지역과 러시아 동부 지역에도 자라기 때문에 구상나무에 비하면 분포 면적이 넓은 편이다. 그래서 세계자연보전연맹은 분비나무가 구상나무보다 멸종의 위험이 다소 낮다고 평가한다. 하지만 한반도만 놓고 보면 변화하는 기후 조건에서 분비나무가 살 수 있는 땅은 꾸준히 줄고 있다.

최근 몇 년간 나는 분비나무 서식지 250여 곳을 다니며 그들 서식지의 쇠퇴 현상을 관찰하고 있다. 남한에서 분비나무가 살 수 있는 최북단인 강원도 양구군과 인제군에 걸쳐 있는 대암산부터 최남단인 경북 영양군 일월산까지. 내가 목격한 곳 중에 분비나무가 가장 시련을 겪고 있는 곳은 발왕산이 아닌가 싶다. 그곳에는 1975년에 우리나라 최초로 현대식 스키장 시설을 갖추고 개장한 용평리조트가 있다. 1999년 동계아시안게임과 2018년 평창동계올림픽을 개최하며 그간 용평리조트는 발왕산을 너무 많이 망가뜨렸다. 그대로 두었더라면 엄청난 규모의 분비나무숲이 울울창창 우거져서 한계령풀과 백작약과

스키장이 들어서며 분비나무의 서식지가 대규모로 사라진 발왕산 정상(위쪽). 분비나무 군락이 손상되지 않은 방태산 풍경과 대조적이다(아래쪽). 산정의 침엽수가 주로 사는 곳은 북쪽 사면과 서쪽 사면의 특히 더 추운 골짜기로 이른 봄까지도 잔설이 오래 남는 장소다. 이는 스키장 개발을 위한 적지로 지목되는 환경이기도 하다.

나도옥잠화와 같은 더 많은 희귀식물을 지켜냈을 그곳. 그곳에 지은 시설에서 생기는 수익금의 일부는 희생당한 이들을 기억하고 남은 이들의 생존을 지키는 데 써야 하지 않을까.

인간의 손길이 미치지 않았다면 서서히 일어났을 일들이 지금 우리나라에서는 급격하게 진행되고 있다. 이들 구상나무와 분비나무의 소멸과 더불어 그 숲에 사는 더 많은 종류의 식물들이 함께 위협받고 있다는 우려에서, 2016년 산림청은 우리 산의 침엽수 7종을 지켜내겠다는 정책을 수립하기도 했다. 그들 가운데 구상나무와 분비나무보다 더 큰 멸종의 위기에 놓인 나무가 눈측백이다.

'눈측백'은 다소 낯설지 몰라도 '측백나무'와 '서양측백나무'는 일반인들에게 비교적 익숙할 것이다. 건물이나 울타리 주변에 둘러서 심는 조경수인데 전자는 한반도를 비롯하여 동아시아와 중앙아시아에 자라고 후자는 북미 원산의 도입종이다. 재배품종으로 개발되어 전 세계에 널리 퍼져 있지만, 둘 다 실제 원종의 서식지는 자꾸 줄고 있어서 세계자연보전연맹이 지정한 멸종위기종이다. 그나마 그 둘은 지구상에 드넓게 퍼져 살지만 눈측백은 오로지 한반도 백두대간만을 따라서 자란다. 그래서 2011년에 세계자연보전연맹은 측백나무나 서양측백나무보다 눈측백이 더욱 심각한 멸종의 위기에 놓였다고 발표했다.

측백나무를 닮았지만 누워서 자란다고 '눈측백'이라 부르는 이 나무는 일제강점기에 한반도에서 활동했던 식물학자 나카이 다케노신이 금강산 일대에서 채집하고 신종으로 발표하며 1919년 세상에 알려졌

눈측백은 세계자연보전연맹이 지정한 세계적인 멸종위기종이다. '측백나무'를 닮았지만 누워서 자란다고 '눈측백'이라고 부른다. 척박한 환경에 적응해서 사느라 키가 작아졌지만 환경에 따라서는 곧게 자라서 10미터 높이까지 크기도 한다(위쪽). 변화하는 기후와 인간의 개발 행위로 고사하는 눈측백이 늘고 있다(아래쪽).

다. 백두산부터 금강산, 묘향산, 낭림산 등을 거쳐 남한의 설악산, 계방산, 가리왕산, 태백산 등 북위 35도 이북하고도 해발고도 700~1,800미터 사이가 눈측백의 서식지다. 학명은 '*Thuja koraiensis* Nakai', 영어로는 'Korean arborvitae', 중국어로는 '朝鲜崖柏'이다. 부르는 이름에 하나같이 '한국'이 들어간다. 예전에 국내외 식물학자들이 눈측백을 한반도 특산식물로 여겼었기 때문인데, 백두산의 중국 영토에 해당하는 땅에서 자라는 눈측백도 있어 지금은 한반도 백두대간뿐만 아니라 중국에도 자라는 나무로 여긴다. 어떻게 보면 중국의 정치적 행보 같기도 하지만, 눈측백을 지키려는 중국의 노력이 있었던 것은 사실이다. 중국은 중국령의 백두산에 자라는 눈측백을 희귀식물로 지정하고 멸종의 위험도를 아주 높게 평가하여 지난 20세기 말부터 서식지 보전 연구를 진행해 왔다.

눈측백을 대하는 국내의 사정은 조금 달랐다. 눈측백이 자랄 수 있는 몇 안 되는 자리를 허물고 들어선 스키장을 보면 어떻게 다른지 알 수 있다. 그중에서 최고는 '산림유전자원보호구역'으로 지정된 땅조차 뭉개고 들어선 가리왕산 알파인 경기장이다. 강원도 정선군과 평창군에 걸쳐 있는 가리왕산은 국내에서는 드물게도 원시림 수준의 숲이 잘 보전되어 있고, 눈측백과 분비나무와 주목과 같은 침엽수가 숲을 이루는 곳이다. 이런 이유로 가리왕산은 2008년 '산림유전자원보호구역'으로 지정되었다. 하지만 평창동계올림픽 유치와 관련하여 알파인스키 경기장을 지을 적지로 가리왕산이 지목되며 보호구역의 일부가 2013년에 해제되었다. 그렇게 산의 남쪽 봉우리인 하봉을 정수리까지 싹 다 밀고 알파인 슬로프를 만들 수 있었던 명분은 '생태복원'이라는 조건이었다. 하지만 2018년 동계올림픽이 끝나고 몇 해가 지난 지금까지 제대로 된 복원은 아직 시작도 못하고 있다. 지지부진하던 복원 대책을 수립하기 위하여 정부는 '가리왕산의 합리적 복원을 위한 협의회'를 구성하고 수차례 협상 테이블에 모인 후 서둘러 복원에 착수하겠다는 계획을 2021년 6월에 발표했다. 훼손되기 이전의 모습을 되찾는 것이 '복원'인데, 빼앗긴 침엽수의 숲에 살던 그 많은 생물이 돌아오기까지는 인간의 셈법을 적용할 수 없을 만큼 오랜 시간이 걸릴 것이다.

기후위기 문제가 대두되기 이전부터 근 수십 년간 이 땅에서 그들은 대규모로 학살당해왔다는 사실을 잊지 말았으면 한다.

더 개발할수록 더 소멸하는

강원도 강릉과 정선의 경계에는 해발 1,055미터의 석병산이 있다. 백두대간의 높고 수려한 산들에 비하면 규모는 작지만 석병산은 국내에서 그 드물다는 카르스트 지형을 품고 있어서 특별하다. 독특한 지형의 석회암 지대가 자리한 동유럽 슬로베니아의 크라스Kras 지방을 독일어로는 '카르스트Karst'라고 부른다. 그러니까 석회암으로 형성된 진귀한 지형을 나타내는 고유명사가 카르스트인 셈이다. 중생대부터 켜켜이 쌓인 석회암이 만들어낸 그 특이한 지형이 유럽에는 비교적 많다. 하지만 우리나라에는 얼마 없는데, 특히 석병산처럼 산 전체가 석회암으로 이루어진 '산악 카르스트' 지형은 손꼽을 정도다.

삼척, 영월, 평창, 단양, 제천, 문경에서 카르스트 지형을 만날 수 있는데, 그 주변에는 어김없이 시멘트 공장이 자리해 있다. 산악 카르스트를 허물고 깎아서 시멘트를 만들기 때문이다. 그 역사는 일제강점기로 거슬러

석병산 주능선부의 탑카르스트(위쪽)와 해가 지고 달이 뜨는 모습을 볼 수 있다는 정상 부근의 일월문(아래쪽).

올라간다. 일본인에 의해 평양에 처음 시멘트 공장이 건설되었고, 남한에서는 삼척에 최초의 시멘트 공장이 생겼다. 한반도의 석회암 산들은 제 몸을 아낌없이 내주었다. 먹고살기 어렵던 그 시절 한반도 공업 발달과 경제 성장의 원천이 그곳에 있었다고 해도 과언이 아니다. 1970년대를 전후하여 해마다 수천 톤의 시멘트 원료가 그곳에서 나왔다.

경제가 성장한 이후에도 개발에 대한 인간의 욕심은 멈추지 않았다. 건설업이 맹위를 떨치는 동안, 석회암을 품었다는 이유로 단양과 제천의 숱한 산들이 하나둘 파헤쳐졌다. 그에 반해 일찍이 백두대간 보호구역으로 지정되어 개발이 제한되었던 석병산은 다행히 화를 면할 수 있었다. 하지만 보호구역이라는 이름이 무색하게도 바로 이웃한 자병산은 결국 처참하게 희생되고 말았다. 자병산 개발 사업은 백두대간에 몰아닥친 참화였다.

'자줏빛 자紫' 자를 쓰는 자병산은 그 이름처럼 붉은 흙이 참 곱던 산이었다. 자연에서 석회암은 오랜 풍화작용을 거쳐 고운 흙이 되는데 그중 붉은색 흙을 '테라로사'라 부른다. 같은 이름의 유명한 커피숍이 자병산 가까이 강릉에 있다. 그 카페는 알아도 자병산이 겪은 일을 아는 사람은 많지 않을 것이다. 자병산이 사라진 것은 21세기에 일어난 일이다. 20세기 말부터 자병산을 점령한 시멘트 공장은 자병산을 야금야금 허물기 시작했다. 당시 그 근방 옥계와 임계 마을 사람들의 주 생계 수단은

자병산 정상을 허물던 2003년 10월 8일의 모습. 자병산의 마지막 가을 풍경이었다.

석회암 채광이었고, 자병산은 그래서 묵묵히 제 몸의 일부를 내어주었다. 자병산 개발 행위를 반대하던 시민단체의 목소리가 없었던 것도 아니다.

어찌된 일인지 그 무렵 자병산 시멘트 공장에 미국의 자본이 흘러들었고, 그 재촉에 쫓기듯 한국 정부는 자병산의 확대 개발을 승인하고야 말았다. 그래서 자병산은 송두리째 깎였다. 현재 위성 지도로 자병산을 찾아보면 눈썰매장 같은 모습이다. 인간이 자본 앞에 맹목적이거나 일방적일 때 자연은 돌이킬 수 없는 참사를 낳기도 한다. 마치 예견된 일인 듯 2012년 자병산 라파즈한라시멘트 광산에서 붕괴 사고가 일어났다. 자병산이 제 몸의 일부를 놓아버렸던 그 붕괴 사고로 2명의 노동자가

목숨을 잃었다. 그중 1명의 시신은 끝내 찾지 못했다. 자본을 쥐고 흔들던 시멘트 회사를 탓하며 자병산은 목놓아 울었을 것이다.

석병산이 더욱 특별한 이유는 그 화를 면했기 때문이다. 자병산이 망가진 후로 남한에서는 오직 석병산에만 살게 된 식물들이 있다. 북한을 비롯하여 아무르강 유역에 사는 나도여로와 산국수나무가 남한에서 살 수 있는 유일한 땅이 석병산이다. 나도여로와 산국수나무는 서늘한 환경을 좋아하는 이른바 북방계 식물이다. 지구온난화의 영향으로 식물의 남방한계선이 자꾸만 더 북쪽으로 향하고 있다. 혹시라도 이들이 석병산을 떠나게 될까봐, 그래서 남한 땅에서 영영 자취를 감추게 될까봐 불안하다.

과거 자병산에는 가는대나물과 벌깨풀과 왕제비꽃이 군락을 이루며 살았었다. 자병산이 사라졌으니 지금은 그 군락지도 몽땅 사라졌다. 그 일이 석병산에서 되풀이되지 않기를 바라는 마음에서 나는 석병산이 품은 식물의 종류를 낱낱이 밝히는 일에 매달린다. 석병산을 잃지 않기 위해 집요하게 그들을 기록해서 보고서와 논문으로 엮는다.

위기에 몰린 곳은 석병산 말고도 더 있다. 백두대간의 석병산처럼 강원도 삼척 해안에는 생태학적으로 중요한 맹방해변이 있다. 맹방해변의 해안사구에는 그 고운 모래땅을 피난처로 삼고 살아가는 희귀식물들이 있는

왼쪽 위에서부터 시계방향으로 나도여로, 산국수나무, 벌깨풀, 가는대나물. 나도여로와 산국수나무의 자생지는 현재 석병산이 유일하다. 석회암 지대의 바위틈에 아주 드물게 자라는 벌깨풀과 가는대나물은 과거 자병산에 널리 분포했던 식물이다.

데, 그들이 사는 땅에 대규모 석탄화력발전소가 들어설 예정이라고 한다. 그 소식은 나에게 메가톤급 공포로 다가왔다. 탄소를 줄이는 능력이 국가의 경쟁력과도 같은 21세기에 이상기온 현상의 주범이라고 할 수 있는 석탄화력발전소를 맹방해변에 짓겠다는 정부의 이 같은 무자비한 역주행은 두 팔 벌려 막고 싶다.

일전에 삼척 맹방에서 희귀식물 정선황기와 갯방풍을 우연히 만나 크게 기뻤는데, 개발 사업으로 해안사

우리나라 희귀식물로 지정된 정선황기(위쪽). 동해안 해안사구 일대에 자라던 몇 개체를 만난 적 있으나 공사로 인해 모래가 사라진 지금은 보기 어렵다. 그들의 안부를 묻는다.
해안가 주변에 드물게 사는 희귀식물 갯방풍(아래쪽). 몇 해 전 삼척 맹방해변 곰솔림에 뿌리내린 어린 개체를 만났다. 얼마 안 되는 갯방풍의 서식처를 지켜야 한다.

구의 그 고운 모래들을 다 퍼내고 나면 이들뿐 아니라 그곳에 살던 다른 식물들도 죽는다.

동해안 화력발전소 건설로 생산되는 전기를 내륙으로 보내기 위해 경북 봉화군을 관통하는 고압 송전탑 건설을 계획하고 있다는 소식도 들린다. 이 또한 산을 깎아야 가능한 일이다. 도대체 어디서부터 잘못된 것일까. 자병산을 먼저 떠나보낸 석병산이 석회암을 품은 채 떨고 있다.

참고문헌

1. 식물분류학자의 일상다반사

식물탐사선

Yang, J. C., Kwon, Y. H., Ji, S. J., & Shin, C. H. (2015). A new record of *Rhododendron keiskei* Miq. var. *hypoglaucum* Suto & Suzuki (Ericaceae) in Korea. *Korean Journal of Plant Taxonomy*, 45(3), 239-242.

봄꽃의 북진

Lee, J. H., Cho, W. B., Yang, S., Han, E. K., Lyu, E. S., Kim, W. J., & Choi, G. (2017). Development and characterization of 21 microsatellite markers in *Daphne kiusiana*, an evergreen broad-leaved shrub endemic to Korea and Japan. *Korean Journal of Plant Taxonomy,* 47(1), 6-10.

Lee, J., Lee, K. H., So, S., Choi, C., & Kim, M. (2013). A new species of *Daphne* (Thymelaeaceae): *D. jejudoensis* M. Kim. *Korean Journal of Plant Taxonomy*, 43(2), 94-98.

Seon, B. Y., Kim, C. H., & Kim, T. J. (1993). A new species of *Eranthis* (Ranunculaceae) from Korea: *E. byunsanensis. Korean Journal of Plant Taxonomy*, 23(1), 21-21.

So, S., Lee, B., & Park, K. R. (2012). Genetic variation in populations of the Korean endemic *Eranthis byunsanensis* (Ranunculaceae). *Korean Journal of Plant Taxonomy*, 42(4), 253-259.

밤에 피는 하늘타리

Kim, K., Kim, J. H., Cho, Y. H., Kim, S. S., & Kim, J. S. (2020). A new distribution record of *Trichosanthes cucumeroides* (Ser.) Maxim. ex Franch. & Sav. (Cucurbitaceae) in Korea. *Korean Journal of Plant Taxonomy*, 50(3), 356-360.

Sun, W., Chao, Z., Wang, C., Wu, X., & Tan, Z. (2012). Difference of volatile constituents contained in female and male flowers of *Trichosanthes kirilowii* by HS-SPME-GC-MS. *Zhongguo Zhong yao za zhi=Zhongguo Zhongyao Zazhi=China Journal of Chinese Materia Medica*, 37(11), 1570-1574.

Xu, Y., Chen, G., Lu, X., Li, Z. Q., Su, S. S., Zhou, C., & Pei, Y. H. (2012). Chemical constituents from *Trichosanthes kirilowii* Maxim. *Biochemical Systematics and Ecology*, 43, 114-116.

Chen, J., Cheng, L., Wang, F., Wang, X., Zhang, Y., & Hao, X. (2020). Chemical constituents from Trichosanthes cucumeroides. *Journal of Chinese Pharmaceutical Sciences*, 29(6), 431.

가을에는 향유를

Choi, C., Han, K., Lee, J., So, S., Hwang, Y., & Kim, M. (2012). A new species of *Elsholtzia* (Lamiaceae): *E. byeonsanensis* M. Kim. *Korean Journal of Plant Taxonomy*, 42(3), 197-201.

Seo, Y. H., Trinh, T. A., Ryu, S. M., Kim, H. S., Choi, G., Moon, B. C., & Lee, J. (2020). Chemical constituents from the aerial parts of *Elsholtzia ciliata* and their protective activities on glutamate-induced HT22 cell death. *Journal of Natural Products*, 83(10), 3149-3155.

Jeon, Y. C., & Hong, S. P. (2006). A systematic study of *Elsholtzi*a Willd. (Lamiaceae) in Korea. *Korean Journal of Plant Taxonomy*, 36(4), 309-333.

낙지다리와 쇠무릎

Hou, D. Y., Wang, G. P., Zhi, L. H., Xu, H. W., Liang, H. L., Yang, M. M., &

Shi, G. A. (2016). Molecular identification of *Achyranthis Bidentatae* Radix by using DNA barcoding. *Genet. Mol. Res*, 24(15), 10-4238.

Brown, A. C. (2017). An overview of herb and dietary supplement efficacy, safety and government regulations in the United States with suggested improvements. Part 1 of 5 series. *Food and Chemical Toxicology*, 107, 449-471.

Liu, L., Hu, C., Zou, M., Zhao, Y., Luo, X., Xu, Y., & Zhang, X. (2021). A comparative study of the total phenol and flavonoid contents and biological activities of different medicinal parts of *Penthorum chinense* Pursh. *Journal of Food Measurement and Characterization*, 15(4), 3274-3283.

Wang, A., Li, M., Huang, H., Xiao, Z., Shen, J., Zhao, Y., ... & Wu, X. (2020). A review of *Penthorum chinense* Pursh for hepatoprotection: traditional use, phytochemistry, pharmacology, toxicology and clinical trials. Journal of *ethnopharmacology*, 251, 112569.

Kim, Y. M. (2015). Inhibitory Effect of *Penthorun chinense* Extract on Allergic Responses in vitro and in vivo. *Journal of Food Hygiene and Safety*, 30(4), 376-382.

Chung, J. M., Kim, H. J., Park, G. W., Jeong, H. R., Choi, K., & Shin, C. H. (2016). Ethnobotanical study on the traditional knowledge of vascular plant resources in South Korea. *Korean Journal of Plant Resources*, 29(1), 62-89.

Kwon, J. G., Jung, Y. W., Seo, C., Hong, S. S., Choi, C. W., Lee, J. E., ... & Kim, J. K. (2019). Analytical Method Development of (-)-Epicatechin gallate in *Penthorum chinense* Pursh Extract using HPLC. *Journal of the Society of Cosmetic Scientists of Korea*, 45(1), 87-93.

실체를 추적하는 식물학자들

Berger, A. (2018). Rediscovery of Chamisso's type specimens of Hawaiian *Psychotria* (Rubiaceae, Psychotrieae) in the herbarium of the Natural History Museum, Vienna. *PhytoKeys*, 114: 27-42.

Heo, T. I. (2021). A systematic study on the genus *Celtis* L. (Cannabaceae) in Korea, Ph. D. Thesis, University of Gangwon, Korea.

Heo, T. I., Kim, D. H., & Hwang, S. W. (2021). Identification of *Celtis* species using random forest with infrared spectroscopy and analysis of spectral feature importance. *Journal of the Korean Data & Information Science Society*, 32(6), 1183-1194.

2. 초록의 전략

천선과라는 신비한 세계

Kjellberg, F., Gouyon, P. H., Ibrahim, M., Raymond, M., & Valdeyron, G. (1987). The stability of the symbiosis between dioecious figs and their pollinators: a study of *Ficus carica* L. and *Blastophaga psenes* L. *Evolution*, 41(4), 693-704.

Beck, N. G., & Lord, E. M. (1988). Breeding system in *Ficus carica*, the common fig. II. Pollination events. *American journal of botany*, 75(12), 1913-1922.

Zhang, Q., Onstein, R. E., Little, S. A., & Sauquet, H. (2019). Estimating divergence times and ancestral breeding systems in *Ficus* and Moraceae. *Annals of Botany*, 123(1), 191-204.

Shirasawa, K., Yakushiji, H., Nishimura, R., Morita, T., Jikumaru, S., Ikegami, H., & Isobe, S. (2020). The *Ficus erecta* genome aids *Ceratocystis* canker resistance breeding in common fig (*F. carica*). *The Plant Journal*, 102(6), 1313-1322.

Rønsted, N., Weiblen, G. D., Cook, J. M., Salamin, N., Machado, C. A., & Savolainen, V. (2005). 60 million years of co-divergence in the fig-wasp symbiosis. *Proceedings of the Royal Society B: Biological Sciences*, 272(1581), 2593-2599.

Zhao, T. T., Compton, S. G., Yang, Y. J., Wang, R., & Chen, Y. (2014). Phenological adaptations in Ficus tikoua exhibit convergence with unrelated extra-tropical fig trees. *PloS one*, 9(12), e114344.

팽나무는 오래, 크게, 홀로

El-Alfy, T. S. M., El-Gohary, H. M. A., Sokkar, N. M., El-Tawab, S. A. and Al-Mahdy, D. A. M. (2011). Botanical and genetic characteristics of *Celtis australis* L. and *Celtis occidentalis* L. grown in Egypt. *Bulletin of Faculty of Pharmacy*, 49, 37-57.

Heo, T. I. (2021). A systematic study on the genus *Celtis* L. (Cannabaceae) in Korea, Ph. D. Thesis, University of Gangwon, Korea.

Heo, T. I., Kim, D. H., & Hwang, S. W. (2021). Identification of *Celtis* species using random forest with infrared spectroscopy and analysis of spectral feature importance. *Journal of the Korean Data & Information Science Society*, 32(6), 1183-1194.

다육식물 열풍의 뒷면

Margulies, J. D. (2020). Korean 'Housewives' and 'Hipsters' Are Not Driving a New Illicit Plant Trade: Complicating Consumer Motivations Behind an Emergent Wildlife Trade in *Dudleya farinosa. Frontiers in Ecology and Evolution*, 367.

McCormick, E. (2018). Stolen Succulents: California Hipster Plants at Center of Smuggling Crisis. *The Guardian*, US Edition. Available online at: https://www. theguardian. com/environment/2018/apr/27/stolen-succulentscalifornia-hipster-plants-at-center-of-smuggling-crisis.

미나리와 습지의 공생

Normile, D. (2016). Nature from nurture. *Science*, 351(6276) / DOI: 10.1126/science.351.6276.908

감태나무의 암그루만 사는 세상

Dupont, Y. L. (2002). Evolution of apomixis as a strategy of colonization in the dioecious species *Lindera glauca* (Lauraceae). *Population Ecology*, 44(3), 0293-0297.

Nakamura, M., Nanami, S., Okuno, S., Hirota, S. K., Matsuo, A., Suyama, Y., ... & Itoh, A. (2021). Genetic diversity and structure of apomictic and sexually reproducing *Lindera* species (Lauraceae) in Japan. *Forests*, 12(2), 227.

3. 초록을 위하여

살아남은 모데미풀

Lee, H., Lee, H., & Kang, H. (2017). Mating systems and flowering characteristics of *Megaleranthis saniculifolia* Ohwi in a subalpine zone of Sobaeksan National Park. *Korean Journal of Ecology and Environment*, 50(1), 116-125.

Lee, Y. N., & Yeo, S. H. (1985). Taxonomic characters of *Megaleranthis saniculifolia* Ohwi (Ranunculaceae). *Korean Journal of Plant Taxonomy*, 15(3), 127-127.

낭독의 발견

Doh, E. J., Lee, M. Y., Ko, B. S., & Oh, S. E. (2014). Differentiating *Coptis chinensis* from *Coptis japonica* and other *Coptis* species used in *Coptidis Rhizoma* based on partial *trnL-F* intergenic spacer sequences. *Genes & Genomics*, 36(3), 345-354.

Wang, C., Wang, Y., Liang, Q., Yang, T. J., Li, Z., & Zhang, Y. (2018). The complete chloroplast genome of *Plagiorhegma dubia* Maxim., a traditional Chinese medicinal herb. *Mitochondrial DNA Part B*, 3(1), 112-114.

Li, R., & Dong, M. (2020). The complete plastid genome of *Jeffersonia diphylla* and its phylogenetic position inference. *Mitochondrial DNA Part B*, 5(1), 77-78.

Lee, S. R., Kim, B. Y., & Kim, Y. D. (2018). Genetic diagnosis of a rare myrmecochorous species, *Plagiorhegma dubium* (Berberidaceae): Historical genetic bottlenecks and strong spatial structures among populations. *Ecology and evolution*, 8(17), 8791-8802.

오래된 미래, 댕강나무

Kim, J. D., Lee, H. J., Lee, D. H., & Heo, T. I. (2022). Characteristics of Environmental Factors and Vegetation Community of *Zabelia tyaihyonii* (Nakai) Hisauti & H.Hara among the Target Plant Species for Conservation in Baekdudaegan. *Journal of Korean Society of Forest Science*, 111(2), 201-223.

울릉도 비밀의 숲

Chang, C. S., & Gil, H. Y. (2014). *Sorbus ulleungensis*, a new endemic species on Ulleung Island, Korea. *Harvard Papers in Botany*, 19(2), 247-255.

Gil, H. Y., & Kim, S. C. (2018). The plastome sequence of Ulleung Rowan, *Sorbus ulleungensis* (Rosaceae), a new endemic species on Ulleung Island, Korea. *Mitochondrial DNA Part B*, 3(1), 284-285.

Choi, H. J., Yang, S., Yang, J. C., & Friesen, N. (2019). *Allium ulleungense* (Amaryllidaceae), a new species endemic to Ulleungdo Island, Korea. *Korean Journal of Plant Taxonomy*, 49(4), 294-299.

Chung, J. M., Shin, J. K., Sun, E. M., & Kim, H. W. (2017). A new species of *Epilobium* (Onagraceae) from Ulleungdo Island, Korea, *Epilobium ulleungensis. Korean Journal of Plant Taxonomy*, 47(2), 100-105.

우리 모두의 석호

Gilfedder, L., Kirkpatrick, J. B., & Wells, S. (1997). The endangered Tunbridge buttercup (*Ranunculus prasinus*): Ecology, conservation status and introduction to the Township Lagoon Nature Reserve, Tasmania. *Australian journal of ecology*, 22(3), 347-351.

Zacharek, A., Gilfedder, L., & Harris, S. (1997). The flora of Township Lagoon Nature Reserve and its management, Tunbridge, Tasmania. *Papers and Proceedings of the Royal Society of Tasmania*. 131, 57-66.

Robertson, H. A., & Funnell, E. P. (2012). Aquatic plant dynamics of Waituna Lagoon, New Zealand: trade-offs in managing opening events of a Ramsar site. *Wetlands Ecology and Management*, 20(5), 433-445.

Kim, J. H., Kim, S. Y., Hong, J. K., Nam, G. H., An, J. H., Lee, B. Y., & Kim, J. S. (2017). Floristic study of lagoon areas on the eastern coast in Korean peninsula. *Korean Journal of Plant Taxonomy*, 47(1), 51-93.

Jeong, Y. I., Hong, B. R., Kim, Y. C., & Lee, K. S. (2016). Distribution, life history and growth characteristics of the *Utricularia japonica* Makino in the east coastal lagoon, Korea. *Korean Journal of Ecology and Environment*, 49(2), 110-123.

Hwang, S. I., & Yoon, S. O. (2008). Geomorphic characteristics of coastal lagoons and river basins, and sedimentary environment at river mouths along the middle east coast in the Korean peninsular. *Journal of Korean Geomorphology Association*, 15, 17-33.

Bolpagni, R., Bartoli, M., & Viaroli, P. (2013). Species and functional plant diversity in a heavily impacted riverscape: implications for threatened hydro-hygrophilous flora conservation. *Limnologica*, 43(4), 230-238.

Miththapala, S. (2013). Lagoons and Estuaries. Coastal Ecosystems Series (Volume 4) . IUCN.

Isla, F. I. (Ed.). (2009). Coastal Zones and Estuaries. EOLSS Publications.

꼬리진달래를 아시나요

Kim, M. J., Yu, S. M., Kim, D. Y., Heo, T. I., Lee, J. W., Park, J., & Kim, Y. S. (2018). Physicochemical characterization of fermented *Rhododendron micranthum* Turcz. extract and its biological activity. *Journal of Life Science*, 28(8), 938-944.

Kim, A., Lim, B., Seol, J., Lim, C., You, Y., Lee, W., & Lee, C. (2021). Diagnostic Assessment and Restoration Plan for Damaged Forest around the Seokpo Zinc Smelter, Central Eastern Korea. *Forests*, 12(6), 663.

MAB National Committee of DPR Korea. 2005. Red Data Book of DPR Korea (plant). Minchuchosensa, Pyeongyang. Korea DPR.

침엽수 학살

Kim, J. D., Park, G. E., Lim, J. H., & Yun, C. W. (2018). The Change of seedling emergence of *Abies koreana* and altitudinal species composition in the subalpine area of Mt. Jiri over short-term (2015-2017). *Korean Journal of Environment and Ecology*, 32(3), 313-322.

Park, G. E., Kim, E. S., Jung, S. C., Yun, C. W., Kim, J. S., Kim, J. D., ... & Lim, J. H. (2022). Distribution and Stand Dynamics of Subalpine Conifer Species (*Abies nephrolepis, A. koreana,* and *Picea jezoensis*) in Baekdudaegan Protected Area. *Journal of Korean Society of Forest Science*, 111(1), 61-71.

Sáenz-Romero, C., Rehfeldt, G. E., Duval, P., & Lindig-Cisneros, R. A. (2012). *Abies religiosa* habitat prediction in climatic change scenarios and implications for monarch butterfly conservation in Mexico. *Forest Ecology and Management*, 275, 98-106.

Hou, L., Cui, Y., Li, X., Chen, W., Zhang, Z., Pang, X., & Li, Y. (2018). Genetic evaluation of natural populations of the endangered conifer *Thuja koraiensis* using microsatellite markers by restriction-associated DNA sequencing. *Genes*, 9(4), 218.

Zhao, Y., Jin, H., Huang, L., Chen, Q., Liu, L., Dai, Y., ... & Wang, C. (2018). Spatial Distribution Pattern and Interspecific Association Analysis of *Thuja koraiensis* Population. E3S Web of Conferences (Vol. 53, p. 03054). EDP Sciences.

Yang, B. H., Song, J. H., Lee, J. J., Hur, S. D., & Hong, Y. P. (2009). Genetic variation and structure of the relict populations of Korean Arborvitae (*Thuja koraiensis* Nakai) in South Korea, Employing I-SSR Markers. *Journal of Korean Society of Forest Science*, 98(1), 1-7.

더 개발할수록 더 소멸하는

Kim, J. H., Nam, G. H., Lee, S. B., Shin, S., & Kim, J. S. (2021). A checklist of vascular plants in limestone areas on the Korean Peninsula. *Korean Journal of Plant Taxonomy*, 51(3), 250-293.

Kim, S. C., Seo, H. N., Ahn, C. H., & Park, W. G. (2022). Flora of Vascular Plants of Mt. Deokhangsan Protected Area in Samcheok-si for Forest Genetic Resource Conservation in Baekdudaegan, Korea. *Journal of Korean Society of Forest Science*, 111(1), 1-18.

추천의 글

○

출판사에서 온 원고를 열어보니 식물 공부를 하는 젊은 학자의 발자국이 잔잔하게 그려진다. 그는 어린 시절 가야산 밑에서 할머니와 함께 식물을 가까이했고, 식물분류학 정규 교육과정을 거쳐 학위를 받은 지금도 거의 1년 내내 현장에 가 있을 만큼 이론과 실무를 겸비하여 내공이 깊다. 식물을 보는 눈이 섬세하고 정겨울뿐더러 정곡을 찌르는 날카로움이 있어 궁금증 또한 풀어준다. 덧붙여, 조곤조곤 설명해가는 그의 글은 독자를 끌고 들어가는 마력이 있다.

박상진(경북대 명예교수, 《우리 나무의 세계》 저자)

○

우리 삶을 키워온 것이 식물이고, 모든 생명은 식물과 더불어 살아간다는 엄연한 사실을 생생하게 보여주는 책이다. 그 바탕에는 식물과 함께 살아오면서 체득한 저자의 식물학적 사유가 있다. 오지 마을의 할머니들에서부터 모차르트의 작품을 정리한 쾨헬, 독일의 시인 샤미소 같은 다양한 인물과, 남북공동유해발굴, 4대강 사업, 북악산 개방에 이르는 중요한 사건들을 오가며 식물을 다시 돌아보게 한다. 나뭇잎이 지어낸 산소를 들이마시고 나무 열매를 먹으며 살아가면서도 정작 식물의 삶은 잘 이해하지 못하는 우리에게 이 책은 역사적이고 일상적인 삶에서 끌어올린 식물학적 지식과 위로를 전한다. 유익할 뿐 아니라 매우 흥미롭다. 식물과 함께 이 땅의 초록빛 내일을 일궈갈 모두에게 식물학적 사유와 실천을 하게 만드는 소중하고 아름다운 책이다.

고규홍(나무 칼럼니스트, 《나뭇잎 수업》 저자)

○

DNA 수준으로 깊이 깊이 들어가 그 식물의 계통을 밝혀내는 연구들이 주를 이루는 시대에, 현장 곳곳을 발로 밟고 눈앞에 살아 존재하는 식물을 하나하나 직접 만나 인연을 맺어온 시간이 누적되어 있는 사람, 그래서 식물이 연구의 대상에서 더 나아가 오랜 친구처럼, 연인처럼 감정이 이입되어 보기만 해도 설레어 가슴 뛰는 존재가 된 사람, 웃고 울며 결국은 꽉 찬 마음으로 돌아와 평생을 그들과 함께하는 삶을 꾸려가는 사람은 흔치 않습니다. 《나의 초록목록》은 그런 사람이 식물과 함께 지낸 온 세월과 애정과 지식과 경험이 오롯하게 담긴, 아름다운 문체로 쓰인 책입니다. 많은 이들이 이 책을 통해 그의 식물 여정에 함께하고 동화되어 언젠가 한분 한분 자신만의 초록목록을 만들면 좋겠습니다. 그 과정은 마음 따뜻해지는 초록 행복일 것입니다.

이유미(국립세종수목원장, 《광릉 숲에서 보내는 편지》 저자)

○

풀과 나무와 꽃 이야기를 하는 사람이 저는 좋습니다. 이런 이야기를 늘어놓는 사람에게 어떤 누군가 다가가 당신은 할 말이 그것밖에 없냐고 묻는다면 제가 대신 반문을 하고도 싶습니다. 그러는 당신은 세상에 이보다 더 중요한 이야기를 알고 있냐고요. 허태임 작가는 식물을 분류하는 사람입니다. 덕분에 저는 살구와 개살구의 차이를 확실히 알게 되었습니다. 이제 개살구가 살구만큼이나 좋아졌습니다. 우리가 무엇을 나누어야 한다면 부디 이 책처럼만 나누었으면 좋겠습니다. 어떤 다름을 다른 다름 위로 두려 하지 말고 그렇다고 아래에도 놓지 말고, 잎사귀 위로 내리는 빛처럼만 넓어졌으면 좋겠습니다. 그러고는 작가처럼 다름이 가진 숱한 아름다움을 다른 이들과 함께 나누었으면 좋겠습니다.

박준 (시인, 《당신의 이름을 지어다가 며칠은 먹었다》 저자)